U0415560

秦巴山区野生花卉

包满珠 题

刘青林　吴振海　曾小冬　著

中国林业出版社

图书在版编目（CIP）数据

秦巴山区野生花卉 / 刘青林，吴振海，曾小冬著.
-- 北京 : 中国林业出版社, 2019.4
ISBN 978-7-5038-9973-7

Ⅰ. ①秦… Ⅱ. ①刘… ②吴… ③曾… Ⅲ. ①野生植物—花卉—中国 Ⅳ. ①Q949.4

中国版本图书馆CIP数据核字(2019)第048363号

责任编辑： 贾麦娥
电　　话： 010-83143562

出版发行	中国林业出版社 (100009 北京市西城区德内大街刘海胡同7号)
经　　销	新华书店
印　　刷	固安县京平诚乾印刷有限公司
版　　次	2019年5月第1版
印　　次	2019年5月第1次印刷
开　　本	230mm × 300mm
印　　张	42
字　　数	656千字
定　　价	480.00元

序

暖冬时节，收到青林从北京寄来的《秦巴山区野生花卉》一书的样稿，大开本，洋洋洒洒，图文并茂。这是一部参照国际惯例，全面阐述秦巴山区野生花卉的新作。作者通过独特视角，对野外植物群落分布的野生花卉进行了新的论述，并将野生花卉按照生活型分为九类437种，生活型以下的按学名字母顺序编排。该成果对完善我国花卉园艺学研究有重要学术价值，对进一步提升人们对美好生活的追求，绿化、美化环境有巨大经济效益和社会效益。

说到秦巴山区，不由得使我想起1962年园艺界前辈原芜洲先生率领我们考察秦巴山区果树垂直分布的情景。秦巴山区是长江上游的一个重要生态屏障，大美秦巴！植物种群千姿百态，奇花异草竞相开放，丰富的动植物资源给我留下了深刻印象。

我与青林相识在西安植物园。20世纪80年代我在西安植物园当主任，当时家境贫困的青林还是一个中专生，可是每当我一早一晚去园里巡查时，总能看到他披星戴月地熬夜加班，清晨他总在花房里勤奋读书做日志，寒门崛起是我对他最深的印象。1986年他被破格选派去日本京都府立植物园进修；1989年之后，他在北京林业大学攻读硕博研究生，现在是中国农业大学观赏园艺学教授。梅花香自苦寒来，青林的勤奋刻苦使我看到了园艺界后继有人——长江后浪推前浪，一代更比一代强。衷心祝愿刘青林和他的学术团队在科学的道路上取得更大成就。

崔绍良

2019-01-16 写于深圳，时年九十有三

前 言

秦巴山区位于暖温带与北亚热带的交汇地带，也是我国地理、民俗、文化上的南北分界线，植物资源比较丰富。野生花卉有两个含义：一类是在园林绿地中自行繁衍、自然生长的、有观赏价值的草本或木本植物。在园林绿地养护时，可能会限定一定的生长范围，也可能不加干预，任其生长；另一类是在野外植物群落中分布的、比较引人注目的、有观赏价值的野生植物。其中大部分还深藏不露、不为人知。本书主要包括后者，即野外分布的野生花卉。

在编写本书时我们遇到的首要问题是，哪些属于野生花卉？按理说，任何一种植物，都有一定的观赏价值。有的可能不遇观赏期，有的可能是观赏者的角度、爱好不同，还可能是生长状态不佳，其形态美没有充分展示出来！我们的标准可能比较严格，筛选的依据一是经验，二是照片。前者是我们从事园林植物和园林绿化 36 年的经验、心得和判断，后者也是我们 36 年来年年上山积累的照片。这里的问题是，有些非常漂亮的野生花卉，我们没有拍到花期的照片，就不能收录进来；有些非常特殊的野生花卉，因为不合我们的审美和价值判断，也没有收进来。结果就是只收录了有照片的、我们喜欢的野生花卉。

第二个问题是分类和编排的问题。目前出版的野生花卉相关的著作，绝大多数都是按照分类系统的科属种编排的。从我们多年的园林实践来看，大家关心科属，只是想给某种植物找个“家”（family，科），并不关心这个科的分类

地位；更关心这种植物有什么用途。从用途出发，那比较贴合的分类方法就是生活型（life form）。我们的《园林树木学》《花卉学》，美国的 *Manual of Woody Landscape Plants*、*Manual of Herbaceous Ornamental Plants*，英国皇家园艺学会的 *RHS Dictionary of Garden Plants* 等，都是按照生活型分类的。按照生活型，本书分为针叶树（9 种）、常绿乔灌木（27 种）、落叶乔木（51 种）、落叶灌木（103 种）、藤本植物（65 种）、一二年生花卉（29 种）、多年生花卉（130 种）、球根花卉（15 种）、观赏草（8 种）共 9 类 437 种。其中，针叶树以外的木本植物都是阔叶树，常绿乔木和灌木的种类较少被合并在了一起，藤本植物包括木质藤本和草质藤本。生活型以下的编排按照学名（属名 + 种加词）的字母顺序，这也是国际惯例。

具体到某个种的内容，主要包括以下 6 部分。（1）学名（属名 + 种加词）、中名，这是标题。（2）异（别）名尽量不用，置于圆括号内。（3）科名和主要出处置于方括号内。其中主要出处包括《秦岭植物志》《大巴山地区高等植物名录》。（4）形态特征，以显而易见的、不用解剖、肉眼可见的形态特征（观赏特征）为主。（5）主要分布，仅限秦巴山区。（6）可能的园林用途。除了（1）、（2）、（3）的名称之外，其他文字都置于文本框内，与漂亮的照片一起混排。一页一种，或两页一种，全视照片的清晰度和美感度而定，与种的重要性无关。事实上，我们对所有种一视同仁。

本书其实是秦巴山区野生花卉的撷英和拾零，挂一漏万，在所难免，请大家切勿求全！如果哪位方家能在本书中看到喜爱的花卉，并将其引种驯化、人工繁殖、推广应用到园林绿地或花卉市场，那就是我们的万幸了！

本书的出版得到公益性行业（农业）科研专项“国家重点保护野生花卉人工驯化繁殖及栽培技术研究与示范”（201203071）的资助，特致谢忱！

刘青林 吴振海 曾小冬
2018 年 12 月 28 日

目 录

序

前言

第1章 概 述

1 秦巴山区野生花卉资源的特点 …… 2
2 人工繁殖是基础 …… 3
3 综合评价是关键 …… 3
4 间接利用是根本 …… 4

第2章 针 叶 树

Abies chensiensis 秦岭冷杉 …… 5
Abies fargesii 巴山冷杉 …… 6
Cephalotaxus fortunei 三尖杉 …… 7
Cupressus funebris 柏木 …… 8
Larix chinensis 太白红杉 …… 9
Picea asperata 云杉 …… 9
Pinus armandii 华山松 …… 10
Taxus wallichiana var. *mairei* 南方红豆杉 …… 11
Tsuga chinensis 铁杉 …… 11

第3章 常绿乔灌木

Ardisia japonica 紫金牛 …… 12
Cyclobalanopsis gracilis 细叶青冈 …… 13
Daphne tangutica 甘肃瑞香 …… 14
Elaeagnus bockii 长叶胡颓子 …… 15
Elaeagnus lanceolata 披针叶胡颓子 …… 16
Euonymus microcarpus 小果卫矛 …… 16
Ficus sarmentosa var. *henryi* 珍珠莲 …… 17
Helwingia chinensis 中华青荚叶 …… 18
Ilex fargesii 狭叶冬青 …… 18
Ilex pernyi 猫儿刺 …… 19
Illicium henryi 红茴香 …… 19
Lindera communis 香叶树 …… 20
Lindera megaphylla 黑壳楠 …… 21
Mahonia bealei 阔叶十大功劳 …… 22
Metapanax davidii 异叶梁王茶 …… 23
Myrsine africana 铁仔 …… 23
Pieris formosa 美丽马醉木 …… 24
Pittosporum truncatum 崖花海桐 …… 24
Quercus baronii 橿子栎 …… 25
Quercus spinosa 铁橡树 …… 26
Rhamnus heterophylla 异叶鼠李 …… 27
Rhododendron micranthum 照山白 …… 27
Rhododendron sutchuenense 四川杜鹃 …… 28
Sarcococca ruscifolia 野扇花 …… 29
Stranvaesia davidiana 红果树 …… 29
Zanthoxylum armatum 竹叶花椒 …… 30
Zanthoxylum dimorphophyllum 异叶花椒 …… 30

第4章 落叶乔木

Acer davidii 青榨槭 …… 31
Acer erianthum 毛花槭 …… 32
Acer ginnala 茶条槭 …… 32
Acer stachyophyllum var. *betulifolium* 桦叶四蕊槭 …… 33
Acer sterculiaceum subsp. *franchetii* 房县槭 …… 34
Betula albo-sinensis 红桦 …… 35
Carpinus cordata 千金榆 …… 36
Castanea mollissima 板栗 …… 37
Celtis koraiensis 大叶朴 …… 38
Chionanthus retusa 流苏树 …… 38
Cornus controversa 灯台树 …… 39
Cornus macrophylla 梾木 …… 41
Corylus chinensis 华榛 …… 41
Corylus tibetica 刺榛 …… 42
Dalbergia hupeana 黄檀 …… 42
Dendrobenthamia japonica var. *chinensis* 四照花 …… 43
Diospyros kaki var. *silvestris* 油柿 …… 44
Dipteronia sinensis 金钱槭 …… 45
Emmenopterys henryi 香果树 …… 46
Euptelea pleiosperma f. franchetii 领春木 …… 47
Fagus engleriana 米心树 …… 47

Fraxinus paxiana 秦岭白蜡树 ······ 48
Ilex macrocarpa 大果冬青 ······ 48
Juglans mandshurica 胡桃楸 ······ 49
Lindera glauca 山胡椒 ······ 50
Lindera obtusiloba 三桠乌药 ······ 50
Liquidambar taiwaniana 枫香树 ······ 51
Malus baccata 山荆子 ······ 52
Meliosma veitchiorum 暖木 ······ 53
Ormosia hosiei 红豆树 ······ 54
Paliurus hemsleyanus 铜钱树 ······ 54
Pistacia chinensis 黄连木 ······ 55
Platycarya strobilacea 化香树 ······ 56
Poliothysis sinensis 山拐枣 ······ 57
Populus purdomii 太白杨 ······ 57
Pterocarya hupehensis 湖北枫杨 ······ 58
Pteroceltis tatarinowii 青檀 ······ 58
Pyrus betulaefolia 杜梨 ······ 59
Quercus aliena var. *acuteserrata* 锐齿栎 ······ 59
Quercus variabilis 栓皮栎 ······ 60
Rhus potaninii 青麸杨 ······ 61
Sorbus alnifolia 水榆花楸 ······ 61
Sorbus hupehensis 湖北花楸 ······ 62
Styrax hemsleyanus 老鸹铃 ······ 62
Tetracentron sinensis 水青树 ······ 63
Tetradium daniellii 臭檀吴萸 ······ 63
Tilia chinensis 华椴 ······ 64
Tilia paucicostata 少脉椴 ······ 65
Ulmus bergmanniana 兴山榆 ······ 66
Ulmus macrocarpa 黄榆 ······ 67
Ulmus parvifolia 榔榆 ······ 67

第 5 章　落叶灌木

Abelia dielsii 太白六道木 ······ 68
Acanthopanax setchuenensis 蜀五加 ······ 68
Alangium chinense 八角枫 ······ 69
Alchornea davidii 山麻杆 ······ 70
Aralia elata 楤木 ······ 71
Ardisia crispa 百两金 ······ 72
Aster albescens 小舌紫菀 ······ 72
Broussonetia papyrifera 构树 ······ 73
Buddleja davidii 大叶醉鱼草 ······ 74
Caesalpinia sepiaria 云实 ······ 75
Callicarpa giraldii 老鸦糊 ······ 76
Campylotropis macrocarpa 杭子梢 ······ 77
Caragana arborescens 树锦鸡儿 ······ 77
Caragana leveillei 毛掌叶锦鸡儿 ······ 78
Carpinus truczaninowii 鹅耳枥 ······ 78
Caryopteris tangutica 光果莸 ······ 79
Caryopteris terniflora 三花莸 ······ 79
Clerodendrum bungei 臭牡丹 ······ 80
Clerodendrum trichotomum 海州常山 ······ 80
Coriaria sinica 马桑 ······ 81
Cotinus coggygria var. *glaucophylla* 粉背黄栌 ······ 82
Cotoneaster multiflorus 水栒子 ······ 83
Cudrania tricuspidata 柘树 ······ 83
Daphne genkwa 芫花 ······ 84
Daphne giraldii 黄瑞香 ······ 85
Debregeasia edulis 水麻 ······ 85
Decaisnea fargesii 猫屎瓜 ······ 86
Desmodium elegans 圆锥山蚂蝗 ······ 86
Deutzia grandiflora 大花溲疏 ······ 87
Deutzia hypoglauca 粉背溲疏 ······ 88
Dipelta floribunda 双盾木 ······ 89
Elaeagnus mollis 毛褶子 ······ 90
Elaeagnus umbellata 牛奶子 ······ 91
Elsholtzia fruticosa 鸡骨柴 ······ 92
Euonymus phellomanus 栓翅卫矛 ······ 93
Euscaphis japonica 野鸦椿 ······ 94
Exochorda giraldii 红柄白鹃梅 ······ 95
Ficus heteromorpha 异叶天仙果 ······ 96
Glochidion puberum 算盘子 ······ 96
Grewia biloba var. *parviflora* 扁担木 ······ 97
Helwingia japonica 青荚叶 ······ 98
Hippophae rhamnoides 沙棘 ······ 98
Hydragea bretschneideri 东陵八仙花 ······ 99
Hydragea longipes 长柄八仙花 ······ 100
Hypericum chinense 金丝桃 ······ 101
Hypericum patulum 金丝梅 ······ 101
Indigofera amblyantha 多花木蓝 ······ 102
Kolkwitzia amabilis 猬实 ······ 103
Leptodermis oblonga 薄皮木 ······ 104
Leptopus chinensis 雀儿舌头 ······ 105
Lespedeza floribunda 多花胡枝子 ······ 105
Ligustrum acutissimum 蜡子树 ······ 106
Litsea pungens 木姜子 ······ 107

Litsea tsinlingensis 秦岭木姜子 ······ 108
Lonicera chrysantha 金花忍冬 ······ 109
Lonicera elisae 北京忍冬 ······ 109
Lonicera ferdinandii 葱皮忍冬 ······ 110
Lonicera maackii 金银忍冬 ······ 110
Lonicera tangutica 陇塞忍冬 ······ 111
Lyonia ovalifolia var. *elliptica* 珍珠花 ······ 111
Maddenia hypoleuca 假稠李 ······ 112
Mallotus repandus 石岩枫 ······ 112
Mallotus tenuifolius 野桐 ······ 113
Meliosma cuneifolia 泡花树 ······ 113
Neillia sinensis 绣线梅 ······ 114
Neoshirakia japonica 白木乌桕 ······ 114
Orixa japonica 臭常山 ······ 115
Ostryopis davidiana 虎榛子 ······ 115
Periploca sepium 杠柳 ······ 116
Philadelphus incanus 白毛山梅花 ······ 116
Photinia beauverdiana 中华石楠 ······ 117
Photinia parvifolia 小叶石楠 ······ 117
Picrasma quassioides 苦树 ······ 118
Piptanthus concolor 黄花木 ······ 118
Potentilla glabra 银露梅 ······ 119
Prunus discadenia 盘腺樱桃 ······ 119
Prunus kansuensis 甘肃桃 ······ 120
Prunus tomentosa 毛樱桃 ······ 121
Rhamnella franguloides 卵叶猫乳 ······ 121
Rhamnus leptophylla 薄叶鼠李 ······ 122
Ribes alpestre 长刺茶藨子 ······ 122
Ribes fasciculatum var. *chinense* 蔓茶藨子 ······ 123
Rosa omeiensis 峨眉蔷薇 ······ 124
Rosa tsinglingensis 秦岭蔷薇 ······ 124
Rubus coreanus 覆盆子 ······ 125
Rubus lambertianus var. *glaber* 光叶高粱泡 ······ 126
Sambucus williamsii 接骨木 ······ 127
Sinowilsonia henryi 山白树 ······ 127
Smilax stans 鞘柄菝葜 ······ 128
Sophora davidii 白刺花 ······ 129
Sorbus koehneana 陕甘花楸 ······ 130
Spiraea fritschiana 华北绣线菊 ······ 132
Spiraea rosthornii 南川绣线菊 ······ 133
Stachyurus chinensis 中国旌节花 ······ 133
Staphylea holocarpa 膀胱果 ······ 134
Symplocos paniculata 白檀 ······ 135
Syringa komarowii 西蜀丁香 ······ 136
Tetrapanax papyrifer 通脱木 ······ 136
Vaccinium henryi 无梗越橘 ······ 137
Viburnum betulifolium 桦叶荚蒾 ······ 138
Viburnum glomeratum 丛花荚蒾 ······ 140
Viburnum opulus subsp. *calvescens* 鸡树条荚蒾 ······ 141
Viburnum schensianum 陕西荚蒾 ······ 142

第 6 章　藤本植物

Aconitum sungpanense 松潘乌头 ······ 143
Actinidia arguta 软枣猕猴桃 ······ 144
Actinidia callosa var. *henryi* 京梨猕猴桃 ······ 144
Actinidia chinensis 猕猴桃 ······ 145
Actinidia polygama 葛枣猕猴桃 ······ 146
Actinidia tetramera 四蕊猕猴桃 ······ 147
Akebia trifoliata 三叶木通 ······ 148
Ampelopsis aconitifolia 乌头叶蛇葡萄 ······ 149
Ampelopsis bodinieri 蛇葡萄 ······ 149
Ampelopsis delavayana 三裂蛇葡萄 ······ 150
Apios carnea 肉色土圞儿 ······ 150
Aristolochia heterophylla 汉中防己 ······ 151
Aristolochia mollissima 寻骨风 ······ 151
Bauhinia glauca subsp. *glauca* 粉叶羊蹄甲 ······ 152
Berchemia sinica 勾儿茶 ······ 152
Biondia chinensis 秦岭藤 ······ 153
Celastrus angulatus 苦皮藤 ······ 153
Celastrus hypoleucus 粉背南蛇藤 ······ 154
Celastrus orbiculatus 南蛇藤 ······ 154
Clematis lasiandra 毛蕊铁线莲 ······ 155
Clematis potaninii 美花铁线莲 ······ 155
Clematoclethra scandens subsp. *hemsleyi* 繁花藤山柳 ······ 156
Clematoclethra scandens subsp. *scandens* 藤山柳 ······ 156
Cocculus orbiculatus 木防己 ······ 157
Decumaria sinensis 赤壁木 ······ 157
Dinetus racemosa 飞蛾藤 ······ 158
Dioscorea nipponica 穿龙薯蓣 ······ 158
Dregea sinensis var. *corrugata* 贯筋绳 ······ 159
Duchesnea indica 蛇莓 ······ 159
Euonymus fortunei 扶芳藤 ······ 160
Euonymus venosus 曲脉卫矛 ······ 160

Fallopia aubertii 木藤首乌 …… 161
Hedera nepalensis var. *sinensis* 常春藤 …… 161
Holboellia grandiflora 大花牛姆瓜 …… 162
Humulus lupulus var. *cordifolia* 华忽布花 …… 162
Jasminum lanceolarium 光清香藤 …… 163
Lonicera acuminata 巴东忍冬 …… 163
Lonicera tragophylla 盘叶忍冬 …… 164
Lysimachia christinae 过路黄 …… 164
Lysionotus pauciflorus 吊石苣苔 …… 165
Polygonum perfoliatum 杠板归 …… 165
Potentilla reptans var. *sericophylla* 绢毛细蔓委陵菜 …… 166
Pseudostellaria davidii 蔓孩儿参 …… 166
Pteroxygonum giraldii 红药子 …… 167
Rhynchosia dielsii 菱叶鹿藿 …… 167
Rubus lasiostylus 绵果悬钩子 …… 168
Rubus mesogaeus 喜阴悬钩子 …… 168
Rubus pileatus 菰帽悬钩子 …… 169
Sabia campanulata subsp. *ritchieae* 鄂西清风藤 …… 169
Schisandra lancifolia 狭叶五味子 …… 170
Schisandra propinqua var. *sinensis* 小血藤 …… 170
Schisandra sphenanthera 西五味子 …… 171
Senecio scandens 千里光 …… 171
Sinofranchetia chinensis 串果藤 …… 172
Sinomenium acutum 风龙 …… 172
Smilax megalantha 大花菝葜 …… 173
Stephania cepharantha 金线吊乌龟 …… 173
Streptolirion volubile 竹叶子 …… 174
Tetrastigma obtectum 崖爬藤 …… 174
Thladiantha nudiflora 南赤瓟 …… 175
Toddalia asiatica 飞龙掌血 …… 175
Trachelospermum jasminoides 络石 …… 176
Tripterospermum cordatum 峨眉双蝴蝶 …… 176
Vicia amoena 山野豌豆 …… 177
Vitis piasezkii 复叶葡萄 …… 177

第7章　一二年生花卉

Cardamine leucantha 白花碎米荠 …… 178
Cnidium monnieri 蛇床 …… 179
Commelina communis 鸭跖草 …… 179
Corydalis edulis 紫堇 …… 180
Delphinium anthriscifolium var. *anthriscifolium* 还亮草 180
Dicranostigma leptopodum 秃疮花 …… 181
Dontostemon dentatus 花旗杆 …… 181
Eclipta prostrata 醴肠 …… 182
Elsholtzia ciliata 香薷 …… 182
Erodium stephanianum 牻牛儿苗 …… 183
Halenia elliptica 椭圆叶花锚 …… 183
Hibiscus trionum 野西瓜苗 …… 184
Hyoscyamus niger 天仙子 …… 184
Impatiens fissicornis 裂距凤仙花 …… 185
Impatiens noli-tangere 水金凤 …… 185
Impatiens stenosepala 窄萼凤仙花 …… 186
Incarvillea sinensis 角蒿 …… 186
Leonurus japonicus 益母草 …… 187
Medicago lupulina 天蓝苜蓿 …… 187
Melampyrum roseum 山萝花 …… 188
Orychophragmus violaceus 诸葛菜 …… 188
Phtheirospermum japonicum 松蒿 …… 189
Pilea pumila 透茎冷水花 …… 189
Pimpinella rhomboidea 菱形茴芹 …… 190
Pleurospermum franchetianum 异伞棱子芹 …… 191
Polygonum runcinatum var. *sinense* 赤胫散 …… 192
Saussurea japonica 风毛菊 …… 192
Sedum amplibracteatum 大苞景天 …… 193
Senecio oldhamianus 蒲儿根 …… 193

第8章　多年生花卉

Achillea acuminata 齿叶蓍 …… 194
Achillea wilsoniana 云南蓍 …… 194
Actaea asiatica 类叶升麻 …… 195
Adonis davidii 狭瓣侧金盏花 …… 196
Adonis sutchuenensis 蜀侧金盏花 …… 197
Ajania salicifolia 柳叶亚菊 …… 198
Ajuga ciliata 筋骨草 …… 199
Anaphalis margaritacea 珠光香青 …… 200
Anemone hupehensis 野棉花 …… 201
Anemone reflexa 反萼银莲花 …… 202
Angelica laxifoliata 疏叶当归 …… 202
Antenoron neofiliforme 短毛金线草 …… 203
Aquilegia ecalcarata 无距耧斗菜 …… 203
Aquilegia oxysepala var. *yabeana* 华北耧斗菜 …… 204
Artemisia lactiflora 白苞蒿 …… 205
Asarum sieboldii 细辛 …… 206
Aster indicus 马兰 …… 206
Astilbe chinensis 红升麻 …… 207
Astilbe rivularis var. *myriantha* 多花落新妇 …… 207

Begonia grandis var. *sinensis* 中华秋海棠 ………… 208
Belamcanda chinensis 射干 ………… 208
Bletilla ochracea 狭叶白及 ………… 209
Boea hygrometrica 猫耳朵………… 209
Callianthemum taipaicum 太白美花草 ………… 210
Caltha palustris 驴蹄草 ………… 212
Campanula punctata 紫斑风铃草 ………… 212
Cardamine macrophylla 大叶碎米荠………… 213
Carpesium macrocephalum 大花金挖耳 ………… 213
Cephalanthera longifolia 长叶头蕊兰………… 214
Chamaerion angustifolium subsp. *circumvagum*
毛脉柳兰………… 214
Chelidonium majus 白屈菜 ………… 215
Chrysanthemum indicum 野菊 ………… 216
Chrysanthemum vestitum 毛华菊 ………… 217
Cimicifuga simplex 单穗升麻………… 218
Convallaria keiskei 铃兰 ………… 218
Corydalis ophiocarpa 蛇果黄堇 ………… 219
Cynanchum atratum 白薇 ………… 220
Cynanchum inamoenum 竹灵消………… 220
Dianthus chinensis 石竹………… 221
Dianthus superbus 瞿麦 ………… 221
Dichocarpum fargesii 纵肋人字果 ………… 222
Dictamnus dasycarpus 白鲜 ………… 223
Disporum cantoniense 山竹花 ………… 224
Epilobium hirsutum 柳叶菜 ………… 225
Epimedium brevicornu 短角淫羊藿 ………… 225
Epipactis mairei 火烧兰………… 226
Fragaria pentaphylla 五叶草莓………… 227
Gentiana macrophylla 秦艽 ………… 228
Gentiana rhodantha 红花龙胆 ………… 229
Geranium rosthornii 湖北老鹳草 ………… 230
Gueldenstaedtia verna 少花米口袋 ………… 231
Helleborus thibetanus 铁筷子 ………… 231
Hemerocallis fulva 萱草………… 232
Hemiphragma heterophyllum 鞭打绣球 ………… 233
Heracleum moellendorffii 短毛独活 ………… 234
Hosta ventricosa 紫玉簪 ………… 235
Houttuynia cordata 蕺菜 ………… 235
Hylomecon japonicus 荷青花………… 236
Hylotelephium verticillatum 轮叶八宝 ………… 237
Hypericum ascyron 黄海棠 ………… 237
Inula japonica 旋覆花 ………… 238
Iris japonica 蝴蝶花 ………… 239
Kinostemon ornatum 动蕊花 ………… 240
Lathyrus pratensis 牧地山黧豆 ………… 240
Leibnitzia anandria 大丁草 ………… 241
Ligularia dolichobotrys 太白山橐吾 ………… 241
Linaria vulgaris subsp. *sinensis* 柳穿鱼………… 242
Lithospermum erythrorhizon 紫草 ………… 243
Loxocalyx urticifolius 斜萼草………… 243
Lychnis senno 剪秋罗………… 244
Lysimachia clethroides 珍珠菜 ………… 244
Lythrum salicaria 千屈菜 ………… 245
Maianthemum henryi 少穗花………… 246
Maianthemum japonica 鹿药………… 246
Meconopsis oliveriana 柱果绿绒蒿 ………… 247
Medicago ruthenica 花苜蓿 ………… 247
Meehania henryi 龙头草 ………… 248
Mimulus szechuanensis 四川沟酸浆 ………… 248
Neottianthe cucullata 二叶兜被兰………… 249
Orchis chusua 红门兰 ………… 249
Oxalis griffithii 山酢浆草 ………… 250
Paeonia anomala 川赤芍 ………… 251
Paeonia mairei 美丽芍药 ………… 252
Paris polyphylla 重楼………… 252
Parnassia delavayi 突隔梅花草………… 253
Parnassia wightiana 鸡肫草 ………… 253
Patrinia heterophylla 异叶败酱………… 254
Pedicularis muscicola 藓生马先蒿 ………… 254
Pedicularis resupinata 返顾马先蒿 ………… 255
Petasites tricholobus 毛裂蜂斗菜 ………… 255
Phedimus aizoon 费菜 ………… 256
Phlomis megalantha 大花糙苏 ………… 256
Phyllolobium chinense 背扁膨果豆 ………… 257
Physalis alkekengi var. *francheti* 挂金灯 ………… 258
Phytolacca acinosa 商陆 ………… 259
Platanthera chlorantha 二叶舌唇兰 ………… 260
Pleione bulbocodioides 独蒜兰 ………… 261
Polemonium chinense 中华花荵 ………… 261
Polygala japonica 瓜子金 ………… 262
Polygonatum odoratum 玉竹 ………… 262
Polygonum viviparum 珠芽蓼 ………… 263
Potentilla ancistrifolia 皱叶委陵菜 ………… 263

Potentilla chinensis 委陵菜 …… 264
Primula knuthiana 阔萼粉报春 …… 264
Primula odontocalyx 齿萼报春 …… 265
Pulsatilla chinensis 白头翁 …… 266
Pyrola calliantha 鹿蹄草 …… 267
Rehmannia piasezkii 裂叶地黄 …… 268
Rodgersia aesculifolia 索骨丹 …… 269
Salvia maximowicziana 鄂西鼠尾草 …… 270
Saruma henryi 马蹄香 …… 271
Saussurea iodostegia 紫苞风毛菊 …… 272
Saussurea populifolia 杨叶风毛菊 …… 273
Saxifraga melanocentra 黑蕊虎耳草 …… 274
Saxifraga stolonifera 虎耳草 …… 274
Sedum lineare 佛甲草 …… 275
Silene fortunei 鹤草 …… 275
Sinojohnstonia moupinensis 短蕊车前紫草 …… 276
Sophora flavescens 苦参 …… 276
Spiranthes sinensis 绶草 …… 277
Stylophorum sutchuense 四川金罂粟 …… 278
Taraxacum mongolicum 蒲公英 …… 279
Tephroseris flammeus 红轮狗舌草 …… 279
Trollius buddae 川陕金莲花 …… 280
Valeriana officinalis 缬草 …… 281
Veratrum nigrum 藜芦 …… 281
Verbena officinalis 马鞭草 …… 282
Veronicastrum sibiricum 草本威灵仙 …… 283
Viola acuminata 鸡腿堇菜 …… 284
Viola biflora 双花堇菜 …… 285

第 9 章　球根花卉

Allium chrysanthum 黄花韭 …… 286
Allium cyaneum 天蓝韭 …… 287
Arisaema consanguineum 长行天南星 …… 287
Arisaema elephas 象天南星 …… 288
Arisaema serratum 细齿天南星 …… 288
Bergenia scopulosa 秦岭岩白菜 …… 289
Cardiocrinum giganteum var. *yunnanense* 云南大百合 …… 290
Corydalis caudata 小药八旦子 …… 291
Cremastra appendiculata 杜鹃兰 …… 292
Dactylorhiza viridis 凹舌掌裂兰 …… 293
Lilium brownii 野百合 …… 294
Lilium fargesii 绿花百合 …… 295
Lilium tigrinum 卷丹 …… 296
Lycoris aurea 忽地笑 …… 297
Sinacalia tangutica 羽裂华蟹甲草 …… 298

第 10 章　观赏草

Acorus gramineus 石菖蒲 …… 299
Campylandra chinensis 开口箭 …… 300
Carex siderosticta 崖棕 …… 300
Clintonia udensis 七筋菇 …… 301
Juncus allioides 葱状灯心草 …… 302
Liriope spicata 土麦冬 …… 303
Ophiopogon japonicus 麦冬沿阶草 …… 304
Reineckea carnea 吉祥草 …… 305

参考文献 …… 306
附录：秦巴山区野生花卉名录（分类系统）…… 307
中文名索引 …… 314
拉丁名索引 …… 318
后记 …… 324

第1章 概 述

秦巴山区是指秦岭和大巴山两座山脉的成片山区，涵盖陕西、河南、湖北、重庆、四川、甘肃等6个省（直辖市）、80个县（市、区），国土总面积为22.5万平方千米（国务院扶贫办，2012）。本书所指的秦巴山区是狭义上的陕西省所属的5市29个县（区）。从植物资源来看，《秦岭植物志》第一卷第一至第五册（中国科学院西北植物研究所，1974，1976，1981，1983，1985）和增补（李思锋等，2013），《大巴山地区高等植物名录》（贾渝等，2014）全面地记载了秦巴山区的高等植物。其中前者记载了秦岭山区的种子植物164科、1052属、3839种，后者记载了大巴山地区的高等植物252科、1157属、3828种。陕西省分布的维管植物有211科、1271属、4919种及种下单位（陈彦生，2016）。考虑到陕北和黄龙、乔山的植物种类，秦巴山区植物的总数应该少于此数，估计超过4000种。

在总的植物资源基本上弄清楚之后，观赏植物（或花卉，或园林植物）资源的调查就开始了，陕西省西安植物园在此做了大量工作。袁力等（1992）、樊璐等（1994）、原雅玲等（1995）、韩桂军等（2008）、李思锋等（2009）、刘立成等（2010）、陈辉等（2012）先后深入秦巴山区，调查野生花卉资源，并进行了引种驯化。除此之外，北京林业大学周家琪等（1982）、西北农林科技大学（含原西北农学院）赵祥云等（1990）和王月清等（2013）、安康学院袁海龙等（2011）也对秦巴山区部分地区或专类观赏植物进行了调查。迄今收录秦巴山区野生观赏植物种类最多的是李思锋、黎斌（2009）主编的《秦巴山区野生观赏植物》，计 94 科、349 属、575 种。估计占秦巴山区植物总数的 12%~14%，这个比例稍高于我国观赏植物资源占高等植物总数约 10% 的百分率，说明该书的确收录比较全。

目前的问题是我们对野生观赏植物资源的本底了解得比较清楚，为什么被开发利用的很少呢？不仅目前国内花卉市场和园林绿地中见到的中国原产的植物种类不多、自育的品种更少，而且在西安、汉中、安康这些秦巴山区和周边城市的园林绿地中，被应用的秦巴山区原产种类也很少。本文拟在总结秦巴山区野生花卉资源特点的基础上，重点探讨野生花卉开发利用的关键问题和主要途径。

1 秦巴山区野生花卉资源的特点

从观赏园艺或园林植物的角度来看，我们并不看重植物的科属分类，更在意植物的生活型，比如针叶乔木、针叶灌木、常绿（阔叶）乔木、常绿灌木、落叶乔木、落叶灌木、木质藤本、草质藤本、一二年生花卉、多年生（宿根）花卉、球根花卉、观赏草等。因为这些生活型与繁殖方法、栽培方法、育种方法和应用方式直接相关。比如，北方的行道树大多选择落叶乔木，花木大多是落叶灌木、花坛多用一二年生花卉和球根花卉，花境多用多年生花卉或观赏草。秦巴山区的野生花卉资源具有“三多一少”的特点。

1.1 常绿阔叶植物较多

秦岭是我国南北分界线，1 月平均气温低于 0℃是暖温带（西安），高于 0℃是北亚热带（汉中）。植被类型也差异很大，暖温带是针阔叶混交林，北亚热带是落叶常绿阔叶混交林。比如桂花、柑橘、枇杷、棕榈、竹类，在汉中都是原产，在西安都需要小气候或保护越冬。

北方的冬季最需要绿色。针叶树大部分常绿，但绿色深，树形以塔形居多，给人的感觉比较庄严、肃穆。因此，常绿阔叶树种的引种应用是北方园林永恒的主题。但能在北京正常越冬、普遍栽培、形成景观的常绿阔叶树种不超过 10 种，在西安可能 15 种左右；而秦巴山区至少有 27 种，比如紫金牛、细叶青冈、狭叶冬青、猫儿刺、香叶树、黑壳楠、岩花海桐、橿子栎、红果树、四川杜鹃、甘肃瑞香，等等。只要遵循“从种子到种子”和“就近引种、逐步迁移”的原则，经过长期的努力，上述种类都有可能在汉中或西安引种成功，并向北方（包括北京）推进。

1.2 藤本植物较多

垂直绿化是大城市和特大城市见缝插绿的唯一选项。在有限的地面上，绿地往往得给建筑、交通、停车、行人让路。最后只能让到墙面上和屋顶上。可见，垂直绿化（含屋顶绿化）是大势所趋。平时我们常见的藤本植物只有紫藤、爬墙虎、五叶地锦、凌霄、常春藤、葡萄等少数几种。秦巴山区的藤本植物至少有 65 种，如猕猴桃、三叶木通、蛇葡萄、马兜铃、勾儿茶、秦岭藤、南蛇藤、铁线莲、藤山柳、青藤、牛姆瓜、华忽布花、盘叶忍冬、悬钩子、清风藤、五味子、菝葜等。有的果实很好看，如青藤蓝紫色的果实；很多藤本的果实可食，如猕猴桃、三叶木通、五味子、悬钩子等。这些多数不是常绿的，耐寒性较强，如果应用到城市的垂直绿化上，肯定大受欢迎！

1.3 多年生花卉很多

我们在秦巴山区见到的多年生草本植物比较多，但 130 种（130/437=30%）还是有点出乎意料！多年生草本的种类太多，无法一一列举。在园林应用上，多多益善。因为我们一直提倡的园林植物的多样性主要就体现在多年生花卉上。多年生花卉应用的主要途径有三个。一是当作一二年生栽培，应用于花坛。这要求那些花大或花繁、结实量大的种类，如野棉花。二是做花境栽培，利用多年生花卉的多样性，实现花境的可持续观赏。大部分多年生花卉都可应用于花境。三是庭园栽培，有些新奇特、不易大量繁殖的种类，如玉竹、铃兰、独蒜兰等，可以成为植物达人、庭园所有者或园艺爱好者猎奇的对象。私家庭园和家庭园艺的市场方兴未艾、不可小觑！

1.4 一二年生花卉和球根花卉较少

在 437 种野生花卉中，一二年生花卉有 29 种，球根花卉只有 15 种。园林应用上对一二年生花卉要求比较高，也是目前商品化程度最高的花卉。野生种类虽多，但能实际利用可能不多。球根花卉少的原因，可能与秦巴山区优越的自然条件有关。球根是根或茎的变态，是对逆境的适应；

秦巴山区山清水秀，很少逆境，球根花卉自然很少。与一二年生花卉相近，球根花卉也是商品化程度比较高的花卉，新球根花卉的开发利用也是比较复杂的。一二年生花卉一般不用于花境，但球根花卉可以用于花境，尤其是上面说的庭园栽培。

2 人工繁殖是基础

野生花卉在自然界都有正常的繁殖方式；如果出现了问题，那就成了濒危植物。我们将单个或几个植株或其种子、枝条引种到新的环境中，首要问题当然是成活、生长、发育，这是引种成功与否的标志。但从应用的角度来说，更基础，或更重要的是人工繁殖。如何繁殖，是植物和我们共同面临的问题。人工繁殖的问题解决了，能避免再次采挖、多次引种，也就保护了野生植物资源及其生态环境。

2.1 种子繁殖

种子繁殖是最主要、最有效的繁殖途径。野生花卉被迁移到新的环境后，物候期、生长期、授粉媒介、自交不亲和性、杂交亲和性、种子成熟度等都会有变化，就需要人为帮助，比如调整开花期（分期播种）、人工辅助授粉、延长种子发育期（保证充分成熟）等。结实是第一步，第二步是种子生理、发芽特性的探索，找出有效的播种方法。第三步是种子生活力、发芽率的提高和商品化生产。

2.2 营养繁殖

如上所述，播种是首选。如果种子来源或播种方法遇到了无法克服的问题，就可以考虑营养繁殖。依次可选择分株繁殖（多年生草本居多）、扦插繁殖（木本植物居多）或嫁接繁殖（同属有栽培种，木本植物较多）。繁殖方法确定之后，重点是提高繁殖系数，这里要算好经济账。

2.3 组培快繁

目前组织培养可适用于绝大多数植物的快速繁殖，主要是木本植物和多年生草本。组培种类的选择关系到持续发展的问题。再珍贵的物种或品种，组培快繁之后，价格会受到较大冲击，国兰的组培就是例证。所以，一定要选择那些非组培不能繁殖，真正需要组培的种类，如珍稀物种、珍贵品种或自育品种。已发表的同属近缘种的组培技术可以借鉴，消毒和配方应该都不是问题。这里的主要问题有两个。一是对外植体的选择。组培苗的特点是单芽克隆（无性系），同一基因型、同一发育阶段、同一规格（大小）。所以我们要选优良种源、优株、优芽，从最好的芽，快繁出最优良的无性系苗木。二是有效繁殖系数。繁殖系数并非越高越好，而是有多少成苗、生根、成活。一切方法、步骤和规则，都要以移栽成活的组培苗数量为最终指标。当然，更要算好经济账。一般每株组培苗的成本在0.5元（多年生草本）至1.0元（木本植物）之间，繁殖量越大越划算。

3 综合评价是关键

无论是植物学者，还是园艺专家、园林专家、林业专家；无论是百分制、等级制计分法，还是层次分析法，对野生花卉的评价都是某个专业角度的、或是卖方视角的，是比较主观的。对野生花卉的评价不仅要是综合性的，还要是买方的、市场的。

3.1 适应性评价

野生花卉引种之后，首先是成活、生长。成活主要是技术问题，生长的关键时期包括越夏和越冬，这就是适应性问题。从适应性评价相关的生态因子来看，主要是温度和空气湿度的问题。冬季，尽管北亚热带的植物对温度的要求比较高，但有的也能在0℃以下存活，如石楠、海桐、阔叶十大功劳等。限制性生态因子是空气湿度。山区因地形和植被的作用，风力小、空气相对湿度大；平原上风力强、空气湿度小。不能越冬的植物往往不是因为细胞内结冰而冻死的，而是冷风吹干的，即所谓的“捎条”，这就是北方园林在入冬之前都要浇“冻水”的原因之一。夏季，我国各地的气温都差不多，但高山和低地的温差较大。野生花卉多喜欢凉爽的环境，平原的温度太高了。不能越夏的植物大多数是叶片焦边、干枯，生长受限；加之“梢条”，植株会一年更比一年小，最终枯死。各种生理、生化指标都是预测。适应性评价必须在露地、田间进行，而且要年度重复。目前还要注意全球气候变化和雾霾对温度的影响。

3.2 观赏性评价

观赏性评价的主体不是专家，而是大众和市场，直接的指标就是销售量。当然，在推向市场之前，花卉专家可以进行适当的预测。这里有两种方式：一是市场缺什么，我们补什么；二是我们有什么，就推广什么。前者是跟着市场跑，小企业大多这样做；后者是引导市场，非大企业不可为之！要注意的是，花卉种类、株型、叶形、色彩等的审美是个性化的。“萝卜白菜，各有所爱”。这里需要我们提供同一种类、不同株型、不同花期、不同花色的系列化品种。

3.3 生产性评价

生产性评价主要是对整个生产过程的投入和产出的成本核算。特别特殊的花卉产品，顾客可能不计价格，如国兰；一般的花卉产品，就要根据市场价格来进行生产性评价。是否继续生产，就看能否赚钱了。具体到植物本身，主要是繁殖系数高低、生长周期长短、上市日期是否可控、家庭继续培养的可能性，等等，将市场和消费者的需求综合起来考虑其生产前景。好在花卉作为“奢侈品”，溢价功能比普通商品高得多，例如节假日的花价能比平时高 10 倍以上。

4 间接利用是根本

前面写的都是对野生花卉种质资源的直接利用，就是将野生花卉经过引种、繁殖、评价后，直接应用于园林绿化、花卉装饰或家庭养花。成功的例证如猬实、二月蓝、朱砂根等，都是改革开放 40 年间开发利用的野生花卉。但直接利用是初级的，对特有性状、功能基因的发掘和利用，才是种质资源利用的最终目标和根本途径。

4.1 杂交亲本

将具有特殊性状的野生花卉种类，与同属栽培的近缘种进行种间杂交。一般是试图将野生花卉的特有性状或适应性，与栽培花卉的观赏性和丰产（生产）性结合起来。如陈俊愉先生在地被菊的育种中，野生菊属植物的利用就很有成效，走出了一条“改革名花走新路”的途径——野化育种。还有国外对黄牡丹、金花茶作为杂交亲本的利用，也很有成效。

4.2 基因资源

作为杂交亲本之后，进一步的利用就是发掘控制特殊性状的基因资源。比如，大家都知道现代月季的四季开花性状来源于原产中国的月季花，我们就要分离、克隆控制四季开花的功能基因。另外，秦巴山区特有的绿花百合的“绿花”很特殊，我们一方面可以通过杂交育种，将绿花性状转移到栽培的亚洲百合杂种系中；另一方面要通过分子生物学技术，发现并分离控制绿色花的相关基因，进而通过分子育种途径，实现百合花色的定向育种。

第2章　针 叶 树

Abies chensiensis 秦岭冷杉（陕西冷杉）【松科 Pinaceae，(1)：6*】

乔木，高达30米。小枝黄灰色。叶不等长，水平状开展，表面亮绿色，线形，顶端常凹入。球果卵圆状长圆形，成熟时赭红色，苞鳞长不及种鳞之半。

产于海拔2000米左右的秦岭山地。为我国特有种。

仅在西安植物园和杨凌农博园引种栽培；园林中可作为常绿植物应用，营造冬季植物景观。

秦岭冷杉球果枝

秦岭冷杉球果

秦岭冷杉枝叶

秦岭冷杉树冠

*《秦岭植物志》第1卷，第（1）册，第6页

Abies fargesii 巴山冷杉 （太白冷杉）【松科 Pinaceae，（1）：7】

乔木，高达35米。小枝红褐色，对生或轮生。叶通常排成梳状，线形，顶端凹入。球果卵状长圆形，紫黑色或红褐色；苞鳞长于种鳞，外伸并反卷。

秦岭山区广布，多生于海拔2400米以上的山地。为我国特有种。

该植物自然分布海拔高，较难驯化；可考虑在海拔较高的城市如甘肃兰州、青海西宁等地推广种植。

巴山冷杉球果

巴山冷杉树冠

Cephalotaxus fortunei 三尖杉 （山榧树）【三尖杉科 Cephalotaxaceae，（1）：28】

小乔木或大灌木，高达10米。树皮红褐色，裂片薄而光；小枝黄绿色，平滑无毛。叶螺旋状排列，列成两行，线状披针形，背面有2条灰白色气孔带。花单性，雌雄异株；雄球花8~10个集成头状，生于去年枝的叶腋；雌球花生于新枝基部苞腋或枝顶。种子卵圆形，初为黄绿色，成熟时紫黑色。

产秦岭各地，南坡较多，生于海拔650~1000米的山坡或河岸。为我国特有种。

近年来，已有少量园林应用；作为常绿灌木，在庭院、广场、花园以及道路两旁应用。

三尖杉树冠

三尖杉雄花序

三尖杉种子

三尖杉枝、叶和种子

Cupressus funebris 柏木

（垂丝柏）【柏科 Cupressaceae，(1)：22】

柏木植株

柏木球果

柏木种子

乔木，高达25米。树皮裂成窄长条，带褐红色；小枝下垂。幼苗的叶呈针状，轮生或对生；成年树的叶鳞状或菱状卵形。雄球花长圆形，黄色，生于小枝顶端，通常由12个雄蕊组成；雌球花由4对珠鳞组成。球果生于枝顶，圆球形；种子黄褐色，带翅，扁圆状倒卵形。

产秦岭南坡，生于海拔1000米左右的山地。为我国特有种。

可在汉中、安康、商洛等亚热带城市推广使用。

Larix chinensis 太白红杉 【松科 Pinaceae.（1）：13】

乔木，高可达20米，树皮灰色至灰褐色，薄片状剥裂。小枝下垂，1年生枝淡黄褐色或淡黄色，老枝灰黄色或灰褐色。叶细瘦，倒披针状线形，端尖，上面中脉凸起。球果卵状长圆形，初红色，后渐变为紫蓝色或灰褐色；种鳞扁方圆形或近圆形，苞鳞通常较种鳞长，近长方形，紫色。

产太白山、长安牛背梁、宝鸡玉皇山、太白黄柏塬大涧沟、洋县活人坪梁、佛坪光头山及户县光头山，生于海拔2500~3000米间的山地，为秦岭特有种。

高海拔树种，很难引种到低山地带；可考虑在海拔较高的城市如甘肃兰州、青海西宁等地试种。

太白红杉球果

太白红杉林冠

Picea asperata 云杉 【松科 Pinaceae，（1）：9】

乔木，树冠塔形，高至35米。树皮灰褐色，呈块状脱落。枝平展或微下垂；芽圆锥状；小枝金黄色。叶线状，横切面四棱形。球果圆筒状长圆形；种鳞倒卵形；种子具长圆形之翅。

产凤县辛家山及平利化龙山，生于海拔1200~2500米间的山地。为我国特有树种。

该种作为造林树种已在秦巴山区被大量使用。树冠尖塔形，整齐圆满，在城市园林中，可作为常绿乔木孤植、列植或丛植；截取地上部分即为常见的“圣诞树”，用于悬挂灯饰和礼品。

云杉芽

云杉球果枝

Pinus armandii 华山松 【Pinaceae 松科，(1)：15】

乔木，高达30米。树皮幼时绿色，老时呈龟甲状剥落。针叶5枚1束。雄球花长卵形，聚生于当年生枝基部；雌球花具梗，顶生。球果大形，下垂，成熟时黄褐色；种子卵圆形。

秦岭山区广布，生于海拔1100~2500米间的山地。为我国特有种。

枝轮整齐而明显，树形优美，园林中应用比较广泛，既可丛植，营建常绿植物景观，也可孤植作为园景树，形成园林景观的焦点。

华山松幼果

华山松植株

华山松果枝

华山松球果

华山松裂开球果

Taxus wallichiana var. *mairei* 南方红豆杉 【红豆杉科 Taxaceae，(1)：31】

乔木，高达 20 米。树皮开裂，呈条片脱落；树冠卵形；小枝黄绿色。叶线形，多呈弯镰状。雄球花倒卵形，相聚为头状。种子圆形；假种皮筒状，红色，成熟时略有甜味。

产秦巴山区，生于海拔 1200~1900 米的山地杂木林中。

树形高大，针叶碧绿，假种皮鲜红、透亮，园林中可作为孤植树或绿篱使用，种子尤宜近观、把玩。

南方红豆杉植株

南方红豆杉雄花序

南方红豆杉种子

Tsuga chinensis 铁杉 【松科 Pinaceae，(1)：8】

乔木，高 10~15 米。小枝带黄色，后变为灰色，具沟；冬芽卵圆形。叶线形。球果卵形具短梗；种鳞五角状圆形或近圆形，苞鳞甚小；种子 2 枚。

秦巴山区广布，多生于海拔 1200~2500 米间的山地。为我国特有种。

近来植物园有引种栽培，园林中应用很少。

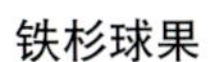
铁杉球果

铁杉球果枝

第3章　常绿乔灌木

Ardisia japonica 紫金牛

【紫金牛科 Myrsinaceae，(a)*：251】

常绿小灌木，高达30厘米。茎单一，淡紫褐色。叶常对生或轮生，椭圆形。花序圆锥状或伞状，顶生或腋生枝顶；花萼5裂，裂片三角形；花冠白色，5深裂，裂片卵形。果实圆形，紫红色。花期6月，果期10月。

产紫阳、平利、西乡、佛坪、洋县、汉中、南郑，生于海拔600~1100米间的山地林下。

同属的朱砂根 *A. crenata* 已被开发成年宵盆花，又名"富贵子"。丛植盆栽后，树冠部分碧绿，树干部分硕果累累，红艳欲滴，年宵花市比较常见。本种亦可援例加以引种栽培、开发利用。

紫金牛植株

紫金牛群落

盆栽朱砂根（年宵花）

*《秦岭植物志 增补 种子植物》。

Cyclobalanopsis gracilis 细叶青冈 【壳斗科 Fagaceae，B：76；*C.glauca* var.*gracilis*，(2)：73】

乔木，高达15米。树皮薄，带暗灰色；小枝灰褐色。叶卵状长圆形至长圆状披针形。雄花序生于当年生枝下端，雌花单生或数朵着生于当年生枝上部叶腋。坚果球形或近球形，1/2~2/3露于壳斗外。花期4月，果期10月。

产秦巴山区，生于海拔840~1200米间的山地杂木林中。

该种比较耐寒，可在暖温带引种栽培。同属青冈栎 *C. glauca* 已在北京清华大学校园露地栽培。

细叶青冈果枝

细叶青冈果实

北京清华园栽培的青冈栎

Daphne tangutica 甘肃瑞香（唐古特瑞香）【瑞香科 Thymelaeaceae，（3）：334】

甘肃瑞香植株

甘肃瑞香花序

甘肃瑞香果枝

盆栽瑞香

常绿灌木，高达 2 米。枝粗壮。叶革质，倒披针形、长披针形。花外面淡紫色或紫红色，内面白色，有芳香，常数花簇生成顶生头状花序；花被筒状，花盘环状，边缘具不规则浅裂。核果卵状，红色。花期 6 月，果期 7 月。

产太白山、宝鸡、山阳、镇安、宁陕、平利、岚皋、镇坪、镇巴，生于海拔 1000~3000 米间的山地林下。

花芳香，果鲜红，既可园林栽培，也可盆栽观赏。同属的瑞香 *D. odora* 已被开发成盆栽花卉。

Elaeagnus bockii 长叶胡颓子 【胡颓子科 Elaeagnaceae，(3)：339】

长叶胡颓子花枝

长叶胡颓子果枝

常绿灌木，高 1~2 米。枝常具粗硬的棘刺；小枝褐色，密被鳞片。叶薄革质，狭披针形至狭椭圆形。花银白色，杂有褐色鳞片，常 1~6 朵簇生叶腋成短总状花序，下垂；花被筒钟状。果实长圆形，成熟时红色。花期 10~11 月，果期翌年 5 月。

产宁陕、安康、平利、岚皋、镇坪、佛坪、西乡、洋县、城固、勉县、留坝、略阳、宁强、南郑，生于海拔 300~2150 米间的河岸或山地疏林中。

作为常绿灌木，园林中可丛植以营造冬季植物景观；亦可作绿篱、造型树，或盆栽观果；或作为树桩盆景的素材。

Elaeagnus lanceolata 披针叶胡颓子

（羊奶子）【胡颓子科 Elaeagnaceae，（3）：339】

常绿灌木，高1~4米。小枝灰褐色。叶革质，披针形或椭圆状披针形。花淡黄白色，常3~5朵簇生叶腋成短总状花序，密被锈色或银白色鳞片；花被管筒状，上部4裂。果实椭圆形，红褐色。花期6~10月，果期翌年5~6月。

产太白山、山阳、宁陕、紫阳、岚皋、平利、镇坪、镇巴、西乡、佛坪、洋县、城固、南郑、留坝、略阳、宁强，生于海拔650~2100米间的山谷河岸或山坡疏林中。

同属植物可在北京露地越冬，可在暖温带进行引种栽培试验，以丰富常绿阔叶植物的多样性和冬季常绿植物景观。

披针叶胡颓子花枝

披针叶胡颓子花序

北京清华园栽培的同属植物

Euonymus microcarpus 小果卫矛

【卫矛科 Celastraceae，（3）：203】

常绿灌木或小乔木，高2~6米。小枝有小瘤状皮孔。叶革质，对生，小枝上端两对密接呈4片轮生状，卵形或椭圆形。聚伞花序腋生，花4数，黄绿色。蒴果扁球形，具4角棱，带红色。种子褐色，被橙红色假种皮。花期4~5月，果期10月。

产华阴、户县、周至、眉县、商南、丹凤、山阳、宁陕、安康、平利、镇坪、城固、汉中，生于海拔200~1200米间的山地灌丛中。

同属的大叶黄杨（冬青卫矛）、胶东卫矛、扶芳藤均可在北京越冬。本种也可在西安、郑州等暖温带城市引种栽培。

小果卫矛果实

小果卫矛果枝

Ficus sarmentosa var. *henryi* 珍珠莲（爬岩香）【桑科 Moraceae，(2)：93】

常绿攀缘藤本，长可达15米；枝暗红褐色。叶革质，卵状椭圆形至长椭圆形。花托（隐头花序）单生或成对着生叶腋。

产秦岭南坡及巴山，生于海拔1000~2000米间的山地疏林中。

同属的无花果在北方变成了落叶灌木，本种可能是分布最北的榕属常绿植物。在汉中、安康等亚热带城市可引种栽培。

珍珠莲枝叶

珍珠莲隐头花序和叶子（背面）

珍珠莲隐头花序

珍珠莲隐头花序纵剖面

Helwingia chinensis 中华青荚叶

（叶上珠）【山茱萸科 Cornaceae，（3）：441】

常绿灌木，高 1~3 米。树皮灰褐色或暗灰色；嫩枝紫绿色。叶互生，革质或近革质，线状披针形或卵状披针形。雄花 6~12 朵组成密聚伞花序，花瓣 3~5，卵形，黄绿色；雄雌花无梗，1~3 朵着生于叶上面中脉。核果近球形，红色。花期 4~5 月，果期 7~8 月。

产秦岭南坡及巴山，较普遍，生于海拔 550~1800 米间的山地灌丛或疏林下。

株型雅致，花果着生方式奇特，适于丛植、近观。

中华青荚叶果实

中华青荚叶果枝

Ilex fargesii 狭叶冬青

【冬青科 Aquifoliaceae，（3）：197；*I.fargesii* var.*angustifolia*，B：216】

常绿小乔木，高达 8 米。小枝褐色或栗褐色，幼枝有棱角。叶近革质，倒披针形或线状倒披针形。雄花白色，4 数，花序簇生于去年生的叶腋内，花瓣倒卵形或长圆形。核果球形，红色，宿存的柱头明显。花期 5 月，果期 9~10 月。

产镇安、宁陕、平利、镇坪，生于海拔 1700~2050 米间的山地杂木林中。

本种已被引种到北京露地栽培，可正常越冬，但未开花结实。

狭叶冬青果枝（叶正面）

狭叶冬青果枝（叶背面）

Ilex pernyi 猫儿刺（老鼠刺）【冬青科 Aquifoliaceae，（3）：195】

常绿灌木或小乔木，高 1~5 米。小枝有棱角。叶革质，有光泽，三角状卵形，先端急尖，刺状。花 4 数，花序簇生于 2 年生小枝叶腋内。核果近球形，红色。花期 5 月，果期 7~8 月。

产秦巴山区，很普遍，生于海拔 660~1700 米间的山地灌丛或杂木林中。

尽管结实率降低，观果效果不好，但同属的枸骨（*I. cornuta*）可在北京等暖温带露地栽培；本种也可进行引种试验。

猫儿刺植株

猫儿刺果实

北京露地栽培的枸骨（*I. cornuta*）

Illicium henryi 红茴香（八角茴香）【木兰科 Magnoliaceae，（2）：340】

常绿灌木，高约 3 米。树皮灰白色。叶革质，椭圆状披针形或长披针形。花深红色，1~2 朵腋生；萼片 3，花瓣 11~18。蓇葖果红色。花期 4~5 月，果期 10 月。

产秦巴山区，生于海拔 750~1500 米间的山地灌丛中。

可在汉中、安康等亚热带城市引种栽培。

红茴香果枝

红茴香果实

Lindera communis 香叶树 【樟科 Lauraceae，(2)：347】

常绿灌木或小乔木，通常高 2~5 米。嫩枝淡褐色。叶互生，革质，通常椭圆形。伞形花序单生或两个同生于叶腋，花被片 6，白色，卵形或椭圆形。浆果卵状球形，红色。花期 4 月，果期 9 月。

产秦岭南坡及巴山，生于海拔 600~1800 米间的山地灌丛或疏林中。

可在汉中、安康等亚热带城市引种栽培。

香叶树花枝

香叶树花序

香叶树果枝

香叶树果实

Lindera megaphylla 黑壳楠

（楠木）【樟科 Lauraceae，(2)：346】

黑壳楠果枝

黑壳楠果枝

常绿乔木，高达 18 米。树皮光滑，黑灰色；小枝粗壮，具灰白色皮孔。叶互生，革质，披针形或披针状长圆形。花序伞形，具短总梗，生多数花；总苞灰白色；花紫红色。浆果卵状球形，黑色。花期 3~4 月上旬，果期 9~10 月。

产秦岭南坡及巴山，生于海拔 620~1650 米间的山地杂木林中。

本种曾在西安引种栽培，可正常越冬、越夏，但生长量减少，很难形成植物景观。在亚热带城市可正常生长，并形成冬季常绿植物景观。

Mahonia bealei 阔叶十大功劳 【小檗科 Berberidaceae，（2）：325】

灌木，高 0.4~2 米。奇数羽状复叶，小叶革质，9~15 片。总状花序成簇，直立，顶生；花密生，黄色。花期 9 月至翌年 3 月，果期 3~4 月。

产秦巴山区，较普遍，生于海拔 500~1500 米间的山地疏林中。

本种可在北京露地生长，结实量减少，观果效果不好，只能丛植形成冬季植物景观。

阔叶十大功劳果期植株

阔叶十大功劳果实

阔叶十大功劳花枝

阔叶十大功劳花朵

Metapanax davidii 异叶梁王茶 【五加科 Araliaceae，(3)：362；*Nothopanax davidii*，B：254】

常绿灌木或小乔木，高可达6米。小枝无毛。叶薄革质，单叶和掌状复叶可同生一株上。伞形花序，集生成长达18厘米的顶生圆锥花丛；花白色或淡黄色。果实扁圆形（侧扁），黑色。

产商南、紫阳、安康、平利、岚皋、镇坪、镇巴、洋县、城固、南郑、勉县、略阳、宁强，生于海拔550~2000米间的山地灌丛或疏林中。

园林中未见应用。可在亚热带城市引种栽培。

异叶梁王茶植株

异叶梁王茶花枝

Myrsine africana 铁仔 【紫金牛科 Myrsinaceae，(4)：28】

灌木，高0.5~2米。小枝常具棱角。叶坚纸质或近革质，椭圆状卵形、倒卵形或披针形。花单性，雌雄异株。浆果，黑紫色，球形。花期3~4月，果期8~9月。

产商南、山阳、宁陕、旬阳、紫阳、岚皋、平利、镇坪、镇巴、西乡、洋县、城固、汉中、勉县、略阳、宁强、南郑，生于海拔300~1700米间的山林下。

园林中未见应用，可在亚热带城市引种栽培。

铁仔果枝

铁仔雄花枝

Pieris formosa 美丽马醉木 【杜鹃花科 Ericaceae，(a)：247】

常绿灌木或小乔木，高达 6 米。叶椭圆状长圆形，先端渐尖，革质。圆锥花序，长达 15 厘米；花冠壶状，下垂，白色或带粉红色。蒴果圆形，具宿萼。花期 4~5 月，果期 7~8 月。

产平利、岚皋、镇坪、西乡、南郑，生于海拔 1000~1900 米间的山地灌丛或杂木林中。

本种嫩叶红艳，是春色叶树种。花白色至粉色，着花繁密，在南方园林应用较广泛，应在汉中、安康等亚热带城市引种栽培。

美丽马醉木果枝

美丽马醉木果枝

Pittosporum truncatum 崖花海桐 (崖花子)【海桐花科 Pittosporaceae，(2)：463】

灌木，高 1~3 米；树皮灰褐色或灰白色。叶菱状倒卵形，革质。花黄色，呈近顶生的伞房花序。蒴果球形，2 瓣裂。花期 5 月，果期 9 月。

产秦岭南坡及巴山，生于海拔 700~1000 米间的山地灌丛中。

同属的海桐花（*P. tobira*）可在北京露地生长，开花结实。本种亦可在暖温带引种栽培。

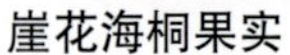

崖花海桐果实

崖花海桐果枝

Quercus baronii 橿子栎

（橿子树）【壳斗科 Fagaceae，(2)：76】

半常绿灌木或小乔木；幼枝较细，老干有纵裂。叶近革质，具短柄，披针形、卵状披针形或卵形。雄花序 1~3 个生于前年生枝的叶腋；雌花单生或 3~7 朵簇生。壳斗鳞片淡黄褐色，钻状，反曲；坚果 1/4~1/2 高出于壳斗。花期 4 月，果期 10 月。

产秦岭山地，生于海拔 500~2100 米间的山坡或山梁。

本种耐寒性较强、生长缓慢，可在西安露地生长。园林中可作为造景树孤植，或作为盆景树应用。

橿子栎果枝

橿子栎果实

北京清华园栽培的同属植物

Quercus spinosa 铁橡树 （刺叶栎）【壳斗科 Fagaceae，（2）：74】

常绿灌木或小乔木，高 1.5~4 米；树冠宽椭圆形。叶宽椭圆形或卵状长圆形，叶面不平整。雄花序单生或簇生于当年生枝叶腋，花黄绿色；雌花单生或数朵簇生于当年生枝顶或上部叶腋。壳斗碗状，鳞片紧贴。花期 5 月，果期 10 月。

产秦巴山区，生于海拔 1300~2500 米间的山地灌丛或岩石峭壁上。

本种生长缓慢，可作盆景素材。或在临近地区城市绿地中作常绿灌木使用。

铁橡树花枝

铁橡树果枝

铁橡树果实

北京清华园栽培的同属植物

Rhamnus heterophylla 异叶鼠李 【鼠李科 Rhamnaceae，(3)：257】

常绿灌木，高达1.5米。枝褐色或灰褐色；小枝互生，无刺。叶近革质，小形叶圆形或卵圆形，大形叶披针形、卵状椭圆形或椭圆形，托叶宿存。花单生，或2~3朵腋生，极小。核果球形，黑色。花期8~9月，果期10~11月。

产紫阳、岚皋、平利、镇坪、镇巴、洋县、城固、勉县、略阳、宁强、南郑，生于海拔290~1150米间的山地灌丛中。

园林中应用较少。可在西安等暖温带城市引种栽培。

异叶鼠李果枝

异叶鼠李果枝

Rhododendron micranthum 照山白 【杜鹃花科 Ericaceae，(4)：10】

常绿灌木，高1~2米。枝条较细。叶革质，倒披针形或狭长圆形，表面暗绿色，背面淡绿色。短总状花序，顶生；花萼小，花冠钟状，白色。蒴果小，圆柱形。花期6月中旬至7月初，果期7~8月。

产秦巴山区，很普遍，生于海拔1000~2200米间的山地灌丛或疏林下。

本种耐寒性很强，北京山区亦有分布。但越夏不耐高温，园林中很少应用。可在暖温带引种栽培，或作为盆景素材。

照山白花枝

照山白花序

Rhododendron sutchuenense 四川杜鹃 （大叶羊角）【杜鹃花科 Ericaceae，（4）：15】

四川杜鹃植株

常绿灌木或小乔木，高 2~8 米。枝有叶痕，幼枝粗壮。叶多数簇生于枝端，厚革质，倒披针状长圆形或倒狭卵状长圆形，叶柄粗壮。短总状伞形花序顶生，花冠宽钟状，长 5~7.5 厘米，粉红色，具红色斑点。蒴果粗壮。花期 4~6 月，果期 7~8 月。

产镇安、宁陕、岚皋、太白、凤县、佛坪、城固、留坝、宁强、南郑，生于海拔 1660~2200 米间的山地林中。

本种花大、色艳、繁密，观花效果极佳，但不耐夏季高温，很难在低海拔城市越夏。可在汉中等亚热带城市引种试验。

四川杜鹃花枝

Sarcococca ruscifolia 野扇花 【黄杨科 Buxaceae，(3)：183】

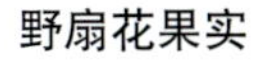
野扇花果实

野扇花果枝

常绿灌木，高1~2米。小枝绿色。叶亚革质，狭卵形至椭圆形。3~4花聚成短总状花序；花雌雄同株。果实核果状，近球形，紫红色至灰蓝色。花期2~3月，果期9~10月。

产宁陕、旬阳、平利、岚皋、镇巴、西乡、佛坪、洋县、城固、南郑、略阳、宁强，生于海拔470~1600米间的山地林下。

园林中很少应用，可在亚热带城市引种栽培。

Stranvaesia davidiana 红果树 (红枫子)【蔷薇科 Rosaceae，(2)：501】

常绿灌木或小乔木，高达10米；枝圆柱形，冬芽长卵形。叶片长椭圆形、长椭圆披针形或倒披针形；叶柄常带红色。复伞房花序具多花；花直径约8毫米，花瓣近圆形，白色。果实近球形，深红色。花期6月，果期10~11月。

产平利、岚皋、镇坪、城固、镇巴、南郑，生于海拔550~1650米间的山沟河岸或山坡灌丛中。

叶、花、果均可观赏，应在汉中等城市引种栽培。

红果树果枝(幼果)

红果树果枝(成熟果)

红果树叶片(秋季，当年叶绿色，上年叶红色)

Zanthoxylum armatum 竹叶花椒 【芸香科 Rutaceae，（3）：139】

常绿灌木或小乔木，高 2~4 米。小枝光滑，皮刺弯斜。奇数羽状复叶；叶轴具翅，下面有皮刺，小叶 3~9，对生。聚伞状圆锥花序，腋生，花淡绿黄色，单性；花被片 6~8。蓇葖果红色。花期 3~5 月，果期 7~9 月。

产秦巴山区，较常见，生于海拔 300~2000 米间的山地疏林下。

本种可在西安露地越冬，但冬季有落叶，似变为半常绿灌木。

竹叶花椒果实

竹叶花椒果枝

Zanthoxylum dimorphophyllum 异叶花椒 【芸香科 Rutaceae，（3）：136】

常绿灌木或小乔木，高 2~6 米。枝粗糙，具疏皮刺。叶具小叶 1~3，小叶革质。聚伞圆锥花序腋生或顶生，花单性，花被片 6~8。蓇葖果近球形，紫红色。花期 6~7 月，果期 9~10 月。

产商州、山阳、宁陕、旬阳、安康、紫阳、岚皋、平利、镇坪，生于海拔 850~1800 米间的山地疏林中。

本种园林应用很少，与竹叶花椒一样，可在西安引种栽培。

异叶花椒果枝（成熟果）

异叶花椒果枝（幼果）

第4章　落叶乔木

Acer davidii 青榨槭 【槭树科 Aceraceae，(3)：228】

乔木，高10~15米。树皮绿色，有黑色条纹；小枝绿色，具条纹；短枝上有环形叶痕。叶椭圆形或宽卵形。总状花序下垂；花黄绿色，雄花和两性花同株。翅果两翅水平状开展呈钝角。花期5月，果期6~9月。

产秦巴山区及陇县关山，较常见，生于海拔550~2000米间的山地灌丛或杂木林中。

树形伟岸，树皮碧绿，园林中可作孤植树或庭荫树。

青榨槭果枝

青榨槭花枝

Acer erianthum 毛花槭

【槭树科 Aceraceae，(3)：225】

乔木，高 6~10 米。树皮灰色或灰褐色；小枝灰色。叶掌状分裂。圆锥状总状花序长约达 8 厘米；花淡绿黄色，雌雄同株。翅果两翅近水平状开展呈钝角；翅幼时紫红色，被白色柔毛。花期 5~6 月，果期 9 月。

产户县、周至、宝鸡、凤县、佛坪、宁陕、岚皋、平利，生于海拔 1300~2140 米间的山地杂木林中。

果翅彩色，可作庭荫树和观果树。

毛花槭果枝

毛花槭果实

Acer ginnala 茶条槭

【槭树科 Aceraceae，(3)：223】

小乔木或灌木，高 4~8 米。树皮灰褐色，稍纵裂；小枝灰色或灰褐色。叶卵状长圆形或狭长圆形，3~5 浅裂或不裂。伞房花序顶生，花淡黄色，雌雄同株。翅果，两翅平行或稍重叠呈锐角。花期 5 月，果期 8 月。

产凤县、太白、佛坪、略阳、镇安、平利，生于海拔 1050~2100 米间的山地杂木林中。

枝繁叶茂，孤植或丛植。

茶条槭果枝

茶条槭果实

茶条槭花枝

Acer stachyophyllum var. *betulifolium* 桦叶四蕊槭 【槭树科 Aceraceae，(3)：231】

乔木，高 3~12 米。小枝暗红色。叶卵状长圆形至广卵形。总状花序；花淡绿色，雌雄异株。翅果，两翅开展呈锐角。花期 4~5 月，果期 7 月。

产华阴、华县、户县、周至、眉县、太白、宝鸡、凤县、留坝、南郑、宁陕、平利、岚皋、镇坪，生于海拔 1650~2500 米间的山地杂木林中。

园林中可作庭荫树或丛植。

桦叶四蕊槭果实

桦叶四蕊槭果枝

Acer sterculiaceum subsp. *franchetii* 房县槭

【槭树科 Aceraceae，B：211；*A.franchetii* 毛果槭，(3)：230】

乔木，高4~10米。叶3裂，广卵形。总花梗纤细，花黄绿色，雌雄异株。翅果，两翅开展呈锐角。花期4月，果期7月。

产长安、眉县、佛坪、南郑、安康、平利、岚皋、镇坪，生于海拔1350~2000米间的山地杂木林中。

叶片较大，适合作庭荫树，亦可丛植。

房县槭果枝

房县槭果实

Betula albo-sinensis 红桦

（纸皮桦）【桦木科 Betulaceae，（2）：56】

大乔木，高达 30 米；树皮橘红色或紫红色，有光泽，薄纸片状剥落。叶卵形或卵状长圆形。雄花序无梗，圆柱形；苞片卵形，紫红色，边缘被纤毛。果序长圆状圆柱形。花期 6 月，果期 10 月。

产秦巴山区，生于海拔 1800~3000 米间的山地林中。

对低海拔城市夏季的炎热气候适应性不好，园林中很少应用。可在高海拔城市引种栽培。观干。

红桦植株

红桦树干

红桦雄花序

红桦果枝

Carpinus cordata 千金榆 【桦木科 Betulaceae，（2）：62】

乔木，高约10米；树皮灰褐色；枝幼时淡褐色，老时灰褐色。叶卵形至长圆状卵形。雄花序下垂；雌花序生当年生枝顶。小坚果卵圆形，在基部有一大型内卷的裂片覆盖小坚果。花期5月，果期9~10月。

产秦巴山区，生于海拔1500~2100米间的山地杂木林中。

该种比较适应城市环境，园林中可丛植或孤植。

千金榆果枝

千金榆雄花枝

千金榆雄花序

千金榆果序

Castanea mollissima 板栗 【壳斗科 Fagaceae，(2)：71】

乔木，高达 15 米；树皮深灰色，幼枝红褐色，老枝灰褐色；冬芽被细茸毛。叶长圆形至椭圆状披针形。雄花序长达 16 厘米，淡黄褐色；总苞生于雄花序基部，每总苞内有雌花 2~3 朵；总苞具长针状刺，通常含 3 坚果，成熟后瓣状裂。坚果扁球形或近球形。花期 5~6 月，果期 9~10 月。

秦巴山区均产，生于海拔 1000 米左右的山坡或沟谷。

果实可食，干果树种，适应性强，可作低山绿化，片植时亦可形成植物景观。

板栗果枝

板栗花枝

板栗果实

Celtis koraiensis 大叶朴 【榆科 Ulmaceae，(2)：87】

乔木，高达12米；树皮暗灰色，小枝浅褐色。叶倒卵形或卵圆形。核果近球形，暗橙色。花期4~5月，果期9~10月。

产秦岭山地，生于海拔800~1500米间的山地杂木林中。

树形高大，寿命较长，园林中可丛植或孤植。

大叶朴果枝

大叶朴果实

Chionanthus retusa 流苏树 【木犀科 Oleaceae，(4)：86】

流苏树花枝

落叶乔木或灌木，高2~8（20）米。枝灰褐色。叶对生，革质，长圆形、椭圆形、卵形或倒卵形。聚伞状圆锥花序顶生；花白色，雌雄异株；花萼4深裂，裂片披针形；花冠檐部4深裂，裂片线状倒披针形。果实椭圆形，成熟时蓝黑色。花期4~5月，果期7~8月。

产长安、周至、眉县、太白、凤县、宁陕、石泉，生于海拔650~1500米间的山地杂木林中。

花繁密而美丽，北京的花期为5月初，正值春夏之交的少花季节，可作花灌（乔）木大量应用。亦可作桂花的砧木。

流苏树花

流苏树果枝

Cornus controversa 灯台树 【山茱萸科 Cornaceae，(3)：434】

落叶乔木，高达 20 米。树皮紫褐色或暗灰色；小枝暗紫红色。叶互生，常簇生于枝梢，宽卵形或宽椭圆形。伞房状聚伞花序被贴伏的短柔毛；花小，白色，萼齿三角形，花瓣长披针形。核果球形，紫红色至蓝黑色。花期 5 月，果期 9 月。

产渭南、蓝田、户县、眉县、宝鸡、丹凤、镇安、平利、镇坪，生于海拔 950~2300 米间的山地杂木林中。

树冠层次明显，树形美观，可作孤植树、庭荫树或行道树。在西安生长正常，开花结实。

灯台树花枝

灯台树花序

灯台树果枝（幼果）

灯台树果枝（成熟果）

Cornus macrophylla 梾木 【山茱萸科 Cornaceae，(3)：436】

落叶乔木或灌木，高 4~15 (~20) 米。小枝红褐色或灰褐带黄色。叶对生，椭圆状卵形至椭圆状长圆形。二歧聚伞花序圆锥状，顶生；总花梗长 3.5~4.5 厘米，紫红色；花小，白色，花瓣长圆形或长圆状披针形。核果球形，蓝黑色。花期 6~7 月，果期 9~10 月。

产华阴、蓝田、户县、眉县、宝鸡、太白、凤县、宁陕、平利、岚皋、镇坪，生于海拔 850~2600 米间的山地杂木林中。

树形高大，树干通直，是很好的行道树，亦可片植成树林。

梾木花枝

梾木果枝

Corylus chinensis 华榛 【桦木科 Betulaceae，(2)：60】

乔木或小乔木，高可达 12 米；树皮灰褐色；小枝黄褐色。叶卵形至卵状长圆形。雄花序 4~6 个簇生，苞片菱形。果实 4~6 个簇生于小枝顶；总苞管状；坚果球形。花期 4~5 月，果期 9~10 月。

产秦巴山区，生于海拔 710~2000 米间的山地杂木林中。

稍耐阴，可作绿化灌木，在林缘应用。

华榛果枝

华榛植株

Corylus tibetica 刺榛 【桦木科 Betulaceae，(2)：58】

小乔木，高达 15 米，或呈灌木状；树皮灰褐色；老枝黑褐色。叶宽卵形或倒卵形。雄花序圆柱状，数枚簇生；花药带紫红色。果实 3~6 个簇生；总苞裂片针刺状；坚果球形。花期 5 月。果期 9~10 月。

产秦巴山区，生于海拔 1500~2500 米间的山地杂木林中。

绿化灌木，林缘应用。

刺榛果枝（叶正面）

刺榛果枝（叶背面）

Dalbergia hupeana 黄檀 【豆科 Fabaceae，(3)：88】

乔木，高 10~17 米。小叶革质，长圆形或宽椭圆形。圆锥花序顶生，或生于上部叶腋；花冠淡紫色或白色，有长爪。荚果长圆形。花期 6~8 月，果期 8~10 月。

产华阴、商南、丹凤、宁陕、紫阳、平利、西乡、洋县、城固、勉县、略阳、宁强；生于海拔 530~1200 米间的山地灌丛或疏林中。

有一定的耐阴性，可作绿化树种应用于片林。

黄檀果枝

黄檀果实

Dendrobenthamia japonica var. *chinensis* 四照花 【山茱萸科 Cornaceae，(3)：439】

落叶小乔木，高 5~8 米。嫩枝被白色柔毛，2 年生枝条灰褐色。叶纸质，对生，卵形或卵状椭圆形。头状花序生小枝顶端，具花 20~30 朵；总苞片花瓣状，卵形或卵状披针形；花萼筒状，花瓣黄色。果序球形，紫红色。花期 5 月下旬至 6 月，果期 8 月。

产秦巴山区，较普遍，生于海拔 960~2200 米间的山地杂木林中。

着花繁密、花色醒目，树形优美，是著名的花灌木。国外已有很多品种，国内园林应广泛应用。可作夏季的花灌木，孤植或丛植，亦可作造型树或盆景树。

四照花花序

四照花花枝

四照花果枝

四照花果实

Diospyros kaki var. *silvestris* 油柿（野柿）【柿树科 Ebenaceae，（5）：59】

油柿果实

落叶乔木或灌木，高达12米。小枝被短柔毛。叶互生，纸质，椭圆形、长圆状卵形或倒卵形。花4数，杂性；花萼大；花冠钟状，黄白色；约3朵雄花组成短聚伞花序；雌花单生于叶腋，花萼果期增大。浆果卵形或扁球形，橙黄色。花期5~6月，果期10~11月

产眉县、城固、南郑、西乡、平利，生于海拔600~950米间的山地灌丛或疏林中。

适应性强，结果繁密，果色艳丽，是观果树种，可孤植，或作为盆景树。丛植或片植时，可吸引鸟类取食，丰富生物多样性。

油柿果枝

Dipteronia sinensis 金钱槭 【槭树科 Aceraceae，(3) : 217】

乔木，高达15米。小枝褐色，具皮孔。奇数羽状复叶，小叶9~13，卵状长圆形、卵状披针形或披针形。圆锥花序，花白色，萼片卵形，花瓣宽截形。翅果圆形或略长圆形，翅膜质。花期6~7月，果期9月。

产秦巴山区，较常见，生于海拔1100~2000米间的山地灌丛或杂木林中。

果翅圆形，形似铜币，既可孤植或丛植，亦可作为观果树种。

金钱槭花枝

金钱槭果枝

Emmenopterys henryi 香果树 【茜草科 Rubiaceae，(5)：4】

香果树花枝

香果树花序

乔木，高 16~20 米；树皮灰褐色，小枝淡黄色。叶革质，托叶大；叶片宽椭圆形至宽卵形。花序疏松，花大形，黄色，5 数；花萼钟状，其中扩大的 1 片宿存于果上。果实具棱，成熟时红色。花期 8~9 月，果期 9~10 月。

产周至、略阳、宁强、勉县、南郑、宁陕、旬阳、平利、岚皋、镇坪，生于海拔 520~1300 米间的山地杂木林中。

树形美观，花冠艳丽，可作庭荫树或孤植树。花色明显，着花繁密，亦可夏秋观花。

Euptelea pleiosperma f. *franchetii* 领春木

（少子云叶）【领春木科 Eupteleaceae，（2）：221】

乔木，高10米。小枝暗灰黑色，皮孔明显；芽暗红色，鳞片多数，硬革质。叶圆卵形或近圆形。雄蕊花丝红色。翅果具细长梗。花期4~5月，果期7~10月。

产秦巴山区，较普遍，生于海拔1000~2500米间的山林或河岸。

比较耐阴，可在林缘或林中空地栽培，形成复层混交的片林。

领春木花枝

领春木果枝

Fagus engleriana 米心树

（米心水青冈）【壳斗科 Fagaceae，（2）：71】

乔木，常高达10米。老枝灰褐色，幼枝细瘦，紫褐色；冬芽红褐色。叶卵形或卵状椭圆形。总苞上部鳞片钻状，黄褐色，下部鳞片先端扩展成带绿色的苞片状。果期7月。

产秦岭南坡及大巴山、米仓山，生于海拔1000~1900米间的山地林中。

绿化树种。

米心树果枝

米心树果实

Fraxinus paxiana 秦岭白蜡树（秦岭梣）【木犀科 Oleaceae，(4)：67】

乔木，高 10~20 米。枝灰色，节部膨大。奇数羽状复叶，对生，叶柄基部膨大；小叶 7~9 片，长圆形或卵状长圆形。圆锥花序大而疏松，总花梗粗壮，花白色；花萼钟状，花冠檐部 4 裂，裂片线状匙形。花期 5 月中旬至 6 月上旬，果期 9 月。

产户县、眉县、太白、佛坪、宁陕、平利、岚皋、镇坪，生于海拔 1750~2130 米间的山地杂木林中。

着花繁密，花色明显，既可作绿化树种，亦可观花，为森林增添色彩。

秦岭白蜡树花枝

秦岭白蜡树果枝

Ilex macrocarpa 大果冬青【冬青科 Aquifoliaceae，(3)：193】

落叶乔木，高达 15 米。树皮褐色；枝条有长枝和短枝之分。叶纸质，卵形或卵状椭圆形。花白色，芳香；雄花序假簇生于 2 年生的长枝和短枝上，或单生于长枝的叶腋或基部鳞片内，花瓣倒卵形或长圆形；雌花单生叶腋。核果球形，甚大，黑色。花期 5 月，果期 10 月。

产山阳、商南、安康、平利、岚皋、镇巴、宁强，生于海拔 400~700 米间的山地灌丛中。

绿化树种。

大果冬青果枝

大果冬青幼果

Juglans mandshurica 胡桃楸（野胡桃）【胡桃科 Juglandaceae，B：69】

大乔木，高达20余米；树皮灰褐色；小枝、叶柄、果实皆密被黄褐色细腺毛。羽状复叶，长达50厘米；小叶15~19片，卵形或卵状长圆形。雄花序长约20厘米，雌花序长达30厘米。果序常具5~10个果实。花期5~6月，果期9~10月。

产秦巴山区，生于海拔750~2300米间的山地杂木林中。

树形高大，可作庭荫树或孤植树。果肉可食，果壳可作文玩。

胡桃楸果枝

胡桃楸果实

胡桃楸雌花序

胡桃楸果核

Lindera glauca 山胡椒 【樟科 Lauraceae，(2)：348】

落叶或稍带半常绿性小乔木或灌木，高 2~6 米。树皮灰白色，小枝灰褐色。叶坚纸质，长圆形至长圆状倒卵形，叶脉羽状。花序伞形，腋生，花黄色。浆果黑色，球形，有香气。花期 4 月，果期 9~11 月。

产秦巴山区，较常见，生于海拔 550~1800 米间的山地灌丛、林中或河岸。

绿化树种。全株有香味，可应用于香草（花）园。

山胡椒果枝

山胡椒果实

Lindera obtusiloba 三桠乌药 【樟科 Lauraceae，(2)：349】

落叶小乔木或乔木，高 6~10 米。枝红褐色。叶坚纸质，卵圆形至圆形，顶部常 3 裂（有时部分不分裂），主脉 3，基出，明显。花序伞形，花黄色。浆果球形，暗红色或黑色。花期 4 月，果期 7 月底至 8 月。

产秦巴山区，较常见，生于海拔 800~2500 米间的山地灌丛或杂木林中。

绿化树种，叶、花、果也有一定的观赏价值。

三桠乌药果枝

三桠乌药幼果枝

Liquidambar taiwaniana 枫香树

【金缕梅科 Hamamelidaceae，(2)：466】

乔木，高达 25 米；树皮深灰色。叶通常 3 裂，生幼树者多为 5 裂。花单性同株；雄花排列成总状花序，淡黄绿色；雌花集成球形头状花序。果序球形；种子具翅，椭圆状卵形。花期 4~5 月，果期 10 月。

产紫阳、安康、平利、镇坪、洋县、城固、勉县、略阳、宁强、南郑，生于海拔 400~1500 米间的山坡林中。

树形伟岸，挺拔，可作孤植树或行道树。

枫香树果枝

枫香树树冠

Malus baccata 山荆子 【蔷薇科 Rosaceae，(2)：517】

落叶乔木，高达10(~14)米。叶片椭圆形、卵形或卵状披针形。花序近伞形，具花4~6朵；花瓣倒卵形或长圆形，白色或淡红色，具短爪。果实近球形，红色或黄色。花期4~5月，果期8~9月。

产秦巴山区，生于海拔700~2200米间的山坡、山谷灌丛或杂木林中。

本种耐寒性强，为嫁接苹果、花红等的主要砧木；亦为观花观果的优良树种，既可作花灌木春季赏花，亦可秋季观果。

山荆子花枝

山荆子花

山荆子果枝

Meliosma veitchiorum 暖木 【清风藤科 Sabiaceae，(3)：242】

落叶乔木，高达8~20米。树皮灰色；小枝粗壮，叶痕大而显著。奇数羽状复叶，纸质；小叶7~11，长圆形、卵状长圆形或卵状长椭圆形。圆锥花序直立，狭尖塔形，多分枝，长20~40厘米；花白色，多数。核果球形，黑色；种子暗褐色。花期5~6月，果期9月。

产渭南、户县、眉县、太白、丹凤、平利、岚皋、南郑，生于海拔1500~2000米间的山地杂木林中。

园林中应用很少。可作绿化树种，在高海拔城市应用。

暖木果实

暖木果枝

Ormosia hosiei 红豆树 【豆科 Fabaceae，(a)：172】

乔木，高达 15 米。奇数羽状复叶，小叶常 5~7，近革质，长椭圆形。圆锥花序顶生或腋生，花冠白色或淡红色。荚果木质，扁平；种子红色，光亮。花期 4 月，果期 8~10 月。

产宁陕、安康、紫阳、岚皋、平利、城固、镇巴、略阳，生于海拔 300~900 米间的山地疏林中。

树姿优美，为很好的庭荫树，可孤植或丛植。花可赏，红豆亦可寄“相思”。

红豆树果枝

红豆树种子

Paliurus hemsleyanus 铜钱树 【鼠李科 Rhamnaceae，(3)：249】

乔木，高达 15 米。树皮暗灰色；幼枝黑褐色，初具刺，后无刺。叶卵圆形、卵状椭圆形或宽卵圆形，基出脉 3。聚伞花序，腋生或顶生，花黄绿色。核果近圆形，周围有木栓质宽翅，紫褐色。花期 5~6 月，果期 9~10 月。

产长安、户县、眉县、宝鸡、商南、丹凤、山阳、镇安、宁陕、旬阳、岚皋、镇坪、镇巴、洋县、城固、汉中、勉县、略阳、宁强，生于海拔 400~1100 米间的山地疏林中。

果实状如铜钱，秋季落下，群众称摇钱树。可作庭荫树或绿化树种。

铜钱树果枝

铜钱树果枝

Pistacia chinensis 黄连木 （药树）【漆树科 Anacardiaceae，（3）：188】

落叶乔木，高 10~20 米。冬芽红色，有特殊气味。偶数羽状复叶互生；小叶 10~12。雄花排列成密圆锥花序，雌花排列成疏松的圆锥花序。核果倒卵圆形，初为黄白色，成熟时变红色、紫蓝色，被白霜。花期 4 月中旬至 5 月上旬，果期 9~10 月。

产秦巴山区，较普遍，生于海拔 340~1300 米间的山地杂木林中。

适应性强，耐旱、耐瘠薄。树形高大，树冠圆满，是很好的孤植树和庭荫树；秋季叶色橙黄，也是优美的秋色叶树种。

黄连木树冠

黄连木果枝（幼果）

黄连木果枝（成熟果）

Platycarya strobilacea 化香树 【胡桃科 Juglandaceae，(2)：47】

化香树花序

小乔木或灌木状，高 10~20 米；树皮黑褐色；幼枝褐色。羽状复叶，小叶 7~15 片。花序聚生于当年生枝顶，或生于叶腋。果序球果状，长椭圆形，果鳞披针形；小坚果扁平，圆形，具 2 狭翅。花期 5~6 月，果期 10 月。

产秦岭南坡及巴山，生于海拔 2000 米以下的山地灌丛。

绿化树种，稍耐阴。

化香树果枝

Poliothysis sinensis 山拐枣

【大风子科 Flacourtiaceae，(3)：326】

乔木，高达15米。树皮灰色。叶掌状基出脉5。圆锥花序直立疏松，花淡绿色渐变黄色。蒴果椭圆形，外果皮革质，内果皮木质；种子多数，周围有翅。花期6~7月，果期9~10月。

产太白山、商南、山阳、镇安、宁陕、旬阳、岚皋、镇坪、洋县、城固、南郑、略阳、宁强，生于海拔450~1300米间的山坡疏林中。

绿化树种。

山拐枣果枝

山拐枣花枝

Populus purdomii 太白杨

(冬瓜杨)【杨柳科 Salicaceae，(2)：21】

太白杨果枝

太白杨幼果

乔木，高达30米。树皮龟裂；小枝圆柱形，光滑；芽急尖，有黏质。叶卵圆形或狭卵圆形，萌枝上的叶卵状长圆形，大型。果序长，蒴果卵球形。花期4~5月，果期5~6月。

产秦巴山区，生于海拔700~2300米间的山坡或沟谷溪旁。

喜湿润土壤，耐阴，叶片较大，生长旺盛，是很好的绿化树种。

Pterocarya hupehensis 湖北枫杨 【胡桃科 Juglandaceae，(2)：51】

乔木，高达20余米；树皮灰白色，纵裂。小枝有微细糠秕状毛；冬芽裸露，密被鳞状腺体。复叶长达40厘米，叶轴圆柱形，无翅；小叶7~11(13)片，长圆状披针形。果序长达40厘米；果实无毛，果翅半圆形。花期6月，果期9月。

产秦巴山区，生于海拔950~1650米间的山谷河岸。可作绿化树种。

湖北枫杨花序枝

湖北枫杨果枝

Pteroceltis tatarinowii 青檀 【榆科 Ulmaceae，(2)：89】

乔木，高达20米；树皮淡灰色，老时呈不规则片状剥落；小枝细长，栗褐色。叶片卵形至卵状椭圆形，基脉3出。翅果近圆形，浅黄绿色。花期4~5月，果期9~10月。

产秦巴山区，生于海拔480~1500米的山坡或沟谷溪流岸边。

绿化树种，病虫害少，寿命长，园林中应用较多。树皮是制造宣纸的重要原料。

青檀果枝

青檀果实

Pyrus betulaefolia 杜梨 【蔷薇科 Rosaceae，(2)：515】

落叶乔木，高达10米；枝开展；冬芽卵形。叶片菱状卵形至长卵形。伞形总状花序具花8~15朵，花直径1.5~2厘米，萼筒外面密被灰白色茸毛，花瓣白色，宽卵形，基部具短爪。果实近球形，褐色。花期4月，果期8~9月。

产眉县、太白、凤县，生于海拔850~1600米间的山坡。

观花树种，可孤植、丛植或林植，“千树万树梨花开”。本种抗旱耐寒，常作各种栽培梨的砧木。

杜梨花枝

杜梨果实

Quercus aliena var. *acuteserrata* 锐齿栎 【壳斗科 Fagaceae，(2)：80】

落叶乔木，高达20米；树皮暗灰色；老枝暗紫色；幼枝黄褐色。叶椭圆状长圆形或长圆状倒卵形，边缘有锐锯齿，齿尖常有腺点。雄花单生或数朵簇生，雌花序生于当年生枝叶腋。壳斗浅杯状，鳞片线状披针形；坚果长椭圆形或卵状球形。花期4~5月，果期10月。

产秦巴山区，生于海拔700~2200米间的山地。

绿化树种。

锐齿栎果枝

锐齿栎果实

Quercus variabilis 栓皮栎 【壳斗科 Fagaceae，（2）：81】

栓皮栎花枝

栓皮栎果枝

栓皮栎果实

落叶乔木，高达20米，树冠宽卵形；树皮灰褐色，木栓层特别发达；幼枝淡褐黄色，老枝灰褐色或深褐色，冬芽黄褐色。叶长圆形、长圆状卵形或长圆状披针形，边缘具刺芒状细锯齿，表面深绿色，背面密被灰白色星状毛。雄花序穗状，生于当年生枝下部；雌花单生当年生枝叶腋。壳斗杯状，鳞片锥形或线形；坚果短圆锥状或长椭圆状。花期5月，果期10月。

产秦巴山区，生于海拔500~1800米间的山地。

绿化树种。本种黄叶经冬不落，春季新芽萌动之后，老（黄）叶才掉，具有较好的生态防护作用。

Rhus potaninii 青麸杨

（五倍子树）【漆树科 Anacardiaceae，（3）：191】

落叶小乔木，高4~8米。树皮粗糙；小枝平滑或有微柔毛；冬芽圆形，被淡黄色柔毛。奇数羽状复叶互生，小叶7~9，长圆状卵形至长圆状披针形。圆锥花序，花白色。核果近球形，血红色，密被柔毛。花期5~6月，果期8~9月。

产秦巴山区，生于海拔630~1800米间的山地灌丛及杂木林中。

绿化树种和经济树种，比较耐阴。

寄生的五倍子（虫瘿）

青麸杨果枝

Sorbus alnifolia 水榆花楸

【蔷薇科 Rosaceae，（2）：507】

乔木，高达18米；小枝圆柱形，幼时红褐色，老时暗褐色；冬芽卵形。叶片卵形至椭圆状卵形。复伞房花序较疏松，花径1.2~1.6厘米；花瓣白色。果实椭圆球形或近球形，红色。花期5~6月，果期9~10月。

产秦巴山区，生于海拔1400~2300米间的山地杂木林中。

绿化和观果树种，适宜在较高海拔的城市引种栽培。

水榆花楸果枝（成熟果）

水榆花楸果枝（幼果）

Sorbus hupehensis 湖北花楸 【蔷薇科 Rosaceae，(2)：507】

乔木，高达 10 米；小枝圆柱形；冬芽长卵形。羽状复叶具小叶 9~17 个。复伞房花序具多数花；花瓣白色。果实球形，黄白色，微带红色。花期 5~6 月，果期 9~10 月。

产秦巴山区，生于海拔 1300~2800 米间的山地灌丛或杂木林中。

观花、观果和绿化树种，可在海拔较高的城市引种栽培。

湖北花楸花枝

湖北花楸果枝

Styrax hemsleyanus 老鸹铃 【野茉莉科 Styracaceae，(4)：63】

小乔木，高 5~10 米。树皮褐色；幼枝黄褐色。小枝的下部 2 叶较小而近对生，上部的叶互生，长圆状椭圆形至倒卵状椭圆形。总状花序顶生或腋生，花冠白色，檐部 5 裂。果实近球形。花期 5 月，果期 7 月。

产户县、眉县、太白、佛坪、宁陕、岚皋、平利、镇坪、镇安、商南，生于海拔 1200~2900 米间的山地林中。

园林中很少应用，可作绿化树种。

老鸹铃花枝

老鸹铃果枝

Tetracentron sinensis 水青树 【木兰科 Magnoliaceae，(2)：340】

乔木，高5~20米。嫩枝紫红色，小枝较细长，下垂；树皮灰白色，老时呈片状剥落。叶卵状椭圆形或宽卵圆形，具5~7条掌状脉。穗状花序细长；花小，淡黄色。蒴果。花期6~7月，果期8~9月。

产秦巴山区，生于海拔1400~2400米间的山地杂木林中。

绿化树种，树形高大。

水青树花枝

水青树花序和叶

Tetradium daniellii 臭檀吴萸 【芸香科 Rutaceae，B：203；*Evodia daniellii* 臭檀，(3)：133】

落叶乔木，高达8~15米。树皮暗灰色；一年生小枝红褐色。奇数羽状复叶对生；小叶5~11。聚伞状圆锥花序，顶生；花白色，小形。蓇葖果紫红色或红褐色。花期6~7月，果期9~10月。

产秦巴山区，生于海拔420~2000米间的山地杂木林中。

绿化树种，适应性较强。

臭檀吴萸花枝

臭檀吴萸果枝

Tilia chinensis 华椴 【椴树科 Tiliaceae（3）：279】

乔木，高约 15 米。树干灰绿色；小枝褐色；冬芽卵形。叶卵形、宽卵形或近圆形。聚伞花序腋生，花黄色。核果椭圆形或长圆形。花期 5~7 月，果期 8~9 月。

产华阴、渭南、长安、眉县、宝鸡、凤县、太白、宁陕、平利、岚皋，生于海拔 1200~2600 米间的山地杂木林中。

绿化树种，可在高海拔城市作行道树。

华椴果实

华椴果枝

Tilia paucicostata 少脉椴 【椴树科 Tiliaceae，(3)：277】

少脉椴果实

乔木，高达12米。树皮暗灰色；小枝褐色；冬芽卵圆形。叶宽卵形或卵圆形。聚伞花序，花黄色。核果倒卵圆形或近球形。花期7月，果期8月。

产华阴、蓝田、长安、户县、周至、眉县、宝鸡、凤县、太白、留坝、佛坪、宁陕、丹凤，生于海拔1200~2000米间的山地杂木林中。

绿化树种，可作行道树。

少脉椴果枝

Ulmus bergmanniana 兴山榆 【榆科 Ulmaceae，(2)：86】

兴山榆果枝

落叶乔木，高达 25 米；树皮暗灰色；小枝灰褐色。叶近革质，倒卵状长圆形或椭圆形。花先叶开放。翅果倒卵形。花期 4 月，果期 5 月。

产秦巴山区，生于海拔 500~1900 米的山地。

绿化树种。

兴山榆果实

Ulmus macrocarpa 黄榆 （大果榆）【榆科 Ulmaceae，（2）：85】

乔木或灌木状，高可达10米；树皮黑褐色；小枝灰褐色或黄褐色，常有发达的木栓质翅。叶宽倒卵形或椭圆形。花通常5~9朵簇生，先叶开放。翅果大形，倒卵形。花期4月，果期5月。

绿化树种，适应性强。

黄榆果枝

黄榆果实

Ulmus parvifolia 榔榆 【榆科 Ulmaceae，（2）：83】

落叶乔木，高达15米；树皮灰褐色；小枝红褐色。叶质硬，具短柄，椭圆形、卵圆形或倒卵形。花秋季开于叶腋，簇生。翅果椭圆状卵形。花期8~9月，果期10月。

产秦岭山地，生于海拔1100米以下的山沟河畔。

绿化树种，亦可作盆景树。

榔榆果枝

榔榆果实

第5章　落叶灌木

Abelia dielsii 太白六道木 【忍冬科 Carprifoliaceae，(5)：80】

高2~3米；当年生枝红褐色，老枝灰白色，枝节膨大。叶形变化较大，叶片通常长卵圆形、倒卵形、椭圆形或披针形。双花分别生于侧枝顶部叶腋。瘦果状核果。花期4~6月，果期8~10月。

产秦巴山区，较普遍，生于海拔900~2900米间的山地灌丛或林下。

适宜丛植，可作花灌木。

太白六道木花朵

太白六道木花枝

Acanthopanax setchuenensis 蜀五加 【五加科 Araliaceae，(3)：364】

落叶灌木，高达3米。小枝黄绿色，具少数下伸皮刺。小叶通常3，长圆状倒卵形至长圆状倒披针形。伞形花序常3~7个丛生，萼具不明显的5齿裂，花瓣5，卵状长圆形。果实近圆球形。花期7~8月，果期10月。

产太白山、蓝田、长安、户县、周至、凤县、留坝、略阳、宁强、佛坪、洋县、城固、丹凤、商州、山阳、宁陕、安康、旬阳、岚皋、平利、镇坪，生于海拔1400~2200米间的山地灌丛或杂木林中。

适合丛植，可观花、观果。

蜀五加果实

蜀五加果枝

Alangium chinense 八角枫 【八角枫科 Alangiaceae，(3)：347】

落叶灌木或小乔木，高3~6米。树皮浅灰色。叶卵形或近圆形，全缘或2~3裂。花8~30朵组成腋生二歧聚伞花序；花白色，花瓣6~8，线形。核果卵圆形，黑色。花期5~7月，果期8月。

产秦巴山区，很普遍，生于海拔380~1700米间的山地灌丛或杂木林中。

可丛植，观花、观果。

八角枫果枝

八角枫花枝

八角枫花朵

Alchornea davidii 山麻杆 【大戟科 Euphorbiaceae，(3)：173】

落叶小灌木，高 1~2 米。幼枝被柔毛，老枝栗褐色，光滑。叶宽卵形或近圆形。雄花簇密集成侧生的穗状花序，雌花散生成总状花序。蒴果扁球形。花期 4~5 月，果期 6~8 月。

产商南、山阳、宁陕、紫阳、安康、平利、岚皋、洋县、城固、汉中、勉县、略阳、南郑，生于海拔 250~1500 米间的山地灌丛或河岸。

嫩叶红色，为春色叶树种，可丛植观赏。

山麻杆果枝

山麻杆嫩叶

山麻杆果实

Aralia elata 楤木 【五加科 Araliaceae，B：252；*A.chinensis*，(3)：363】

灌木或小乔木，高可达8米。茎直立，通常具有针刺。二至三回奇数羽状复叶，小叶坚纸质或近革质。伞形花序集成大圆锥花丛，具多数花，花瓣白色。果实近球形，黑紫色。花期7~8月，果期9~10月。

产秦巴山区，很普遍，生于于海拔350~1800米间的山地灌丛或疏林中。

树形规整，端庄，花形、果形优美，适合庭园观赏。

楤木植株

楤木果枝

楤木果实

Ardisia crispa 百两金 【紫金牛科 Myrsinaceae，(4)：27】

落叶或半常绿小灌木，高0.5~1米；根有分枝。叶膜质，长圆状椭圆形至长圆状披针形。伞形花序，顶生。果实球形，红色。花期6~7月，果期8~9月。

产平利、岚皋、洋县、南郑，生于海拔550~1100米间的山地林下。

姿态轻盈，可在庭园丛植，或盆栽观果。

百两金果实

百两金果枝

Aster albescens 小舌紫菀 【菊科 Asteraceae，(5)：170】

灌木，高达1米，多分枝。叶片纸质，椭圆形、长圆形或卵状披针形。头状花序多数，排列成紧密的复伞房花序，总苞倒圆锥形；外围雌花为舌状花，白色稀淡红或淡紫色；中央多数两性花为筒状花，黄色。果实长圆形。花期7~8月，果期9~10月。

产宁陕、紫阳、安康、平利、岚皋、太白、洋县、城固、南郑、留坝、勉县、略阳、宁强，生于海拔500~1950米间的草地或疏林下。

开花繁茂，可作花境的背景材料片植。

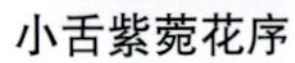
小舌紫菀花序

小舌紫菀植株

Broussonetia papyrifera 构树 【桑科 Moraceae，(2)：97】

灌木或乔木，高达16米；树皮淡灰色；小枝粗壮，黑褐色或灰褐色。叶宽卵形至长圆状卵形，常有2~5深裂。花雌雄异株；雄花序腋生；柱头细长，线形，有刺毛，具黏性。聚花果球形，鲜红色，肉质。花期4~5月，果期8~9月。

产秦巴山区，生于海拔500~1700米间的山地疏林、农田边或村庄附近。

适应性强，可在园林中自然生长，在郊野园林作绿化树种。果实红艳、味甜、可食。

构树果枝

构树果实

构树雌花序

构树雄花序

Buddleja davidii 大叶醉鱼草 【马钱科 Loganiaceae，(4)：102】

灌木，高1~3米。嫩枝密被白色星状绵毛，小枝略呈四棱形。叶对生，卵状披针形至披针形。花具梗，淡紫色，芳香，由多数小聚伞花序集成穗状圆锥花枝，冠筒细而直。蒴果线状长圆形；种子线形，两端具长尖翅。花期7月，果期9~10月。

产秦巴山区，较普遍，生于海拔450~2100米间的山地灌丛、林缘或河岸。

同属植物已有在城市园林绿化中丛植或片植，常见花灌木，夏季开花。

大叶醉鱼草花枝

大叶醉鱼草花序

Caesalpinia sepiaria 云实 （倒挂牛）【豆科 Fabaceae，(3)：7】

攀缘灌木。幼枝密生倒钩刺；老枝红褐色，有短钩刺。二回羽状复叶，羽片 6~10 对。总状花序顶生，花径约 2.6 厘米，花冠黄色，花瓣倒宽卵圆形。荚果狭长圆形。花期 4~5 月，果期 9~10 月。

产山阳、宁陕、岚皋、平利、勉县、宁强、南郑，生于海拔 300~2000 米间的山地灌丛或疏林中。

花大、醒目，可作花篱、刺篱或花灌木使用。

云实植株

云实花序

云实果枝

Callicarpa giraldii 老鸦糊 【马鞭草科 Verbenaceae，(4)：202】

灌木，高 1~3 米。小枝四棱形。叶宽椭圆形、卵状椭圆形或长圆状椭圆形。聚伞花序，着生多花，腋生；花冠紫红色，宽卵形。果实紫红色，球形。花期 7~8 月，果期 9~10 月。

产秦巴山区，较常见，生于海拔 220~1700 米间的山地灌丛或疏林中。

可丛植或片植，作观花、观果灌木。

老鸦糊植株

老鸦糊果枝

老鸦糊花序

Campylotropis macrocarpa 杭子梢 【豆科 Fabaceae，(3)：85】

杭子梢花枝

灌木，高 1~2.5 米。幼枝近圆柱形。小叶长圆形，椭圆形或微卵形。总状花序腋生，花冠紫色。荚果斜椭圆形。花、果期 7~9 月。

产秦巴山区，较普遍，生于海拔 2000 米以下的山坡、山沟及河岸灌丛中。

姿态轻盈，花色柔美，适合庭园丛植或片植，或作地被覆盖。

杭子梢花序

杭子梢果枝

Caragana arborescens 树锦鸡儿 【豆科 Fabaceae，(3)：47】

大灌木或小乔木，高 2~5 米，稀高达 7 米。树皮平滑；幼枝绿色或黄褐色。羽状复叶，有小叶 8~14；长枝上托叶有时宿存并硬化成粗壮的针刺；小叶宽椭圆形、长椭圆形或卵形。花 1 朵或偶有 2 朵生于一花梗上，花冠黄色。荚果线形。花期 5~7 月，果期 7~9 月。

产眉县、宁陕，生于海 1300~1600 米间的山地灌丛或疏林下。

株形秀美，适宜庭园丛植观花。

树锦鸡儿花朵

树锦鸡儿花枝

Caragana leveillei 毛掌叶锦鸡儿 【豆科 Fabaceae,(3):43】

矮灌木。枝细小，具棱；树皮黄灰色，小枝密被灰白色毛。托叶狭，硬化成细针刺；小叶4，硬纸质或膜质，假掌状排列，楔状倒卵形、倒卵形至倒披针形。花单生，花冠黄色，或带浅红色或紫色。荚果近圆筒形。花期4~8月，果期5~8月。

产华阴、山阳，生于海拔700~1400米间的山坡灌丛中。

花色丰富，花期长，可作刺篱行植或花灌木丛植。

毛掌叶锦鸡儿花枝

毛掌叶锦鸡儿花枝

Carpinus truczaninowii 鹅耳枥 【桦木科 Betulaceae,(2):65】

灌木或小乔木，高达5米；树皮深褐色或浅褐色；冬芽红褐色，卵圆形。叶卵形至宽卵形或卵状菱形。花序长3~4厘米，苞片近半卵形，外缘有锯齿状缺刻。小坚果卵圆形，略扁。果期9~10月。

产秦巴山区，生于海拔800~1850米间的山地杂木林中。

绿化树种。

鹅耳枥果序

鹅耳枥果枝

Caryopteris tangutica 光果莸 【马鞭草科 Verbenaceae，(4)：205】

落叶灌木，高 1.5~2 米。小枝、花序及叶背面均密生灰白色茸毛。叶对生，卵形、长圆状卵形至披针形。聚伞花序，腋生；花萼钟状，果期增大，5 深裂；花冠淡蓝色或淡紫色。蒴果 4 裂。花期 8~10 月，果期 9~11 月。

产秦岭山地，生于海拔 420~1400 米间的山地草丛或河岸。

花形美丽，花色淡雅，可作花带片植。

光果莸植株

光果莸花序

Caryopteris terniflora 三花莸 【马鞭草科 Verbenaceae，(4)：206】

直立小灌木，高 20~80 厘米；枝四棱形。叶卵形或披针状长圆形。聚伞花序腋生，通常 3~5 花；花冠 5 裂，紫红色或淡红色。果实成熟后分裂为 4 个小坚果，有硬毛。花期 4~5 月，果期 6~7 月。

产秦巴山区，较普遍，生于海拔 420~1700 米间的山坡或河岸。

适宜驳岸绿化或花带片植。

三花莸植株

三花莸花枝

Clerodendrum bungei 臭牡丹 【马鞭草科 Verbenaceae，(4)：198】

落叶小灌木，高 1~2 米。嫩枝具白色坚实的髓。叶有强烈臭味，宽卵形或卵形。聚伞花序紧密，顶生；花有臭味；花萼紫红色或下部绿色；花冠淡红色、红色或紫色，5 裂。核果倒卵形或球形，蓝紫色。花期 7~8 月，果期 9~10 月。

产眉县、太白、留坝、略阳、宁强、勉县、南郑、洋县、镇巴、宁陕、紫阳、安康、岚皋、平利、镇坪、柞水，生于海拔 500~1900 米间的山地灌丛或疏林中。

花大色艳，可作花境的背景植物，亦可丛植或片植。

臭牡丹群落

臭牡丹花序

Clerodendrum trichotomum 海州常山 【马鞭草科 Verbenaceae，(4)：199】

落叶灌木或小乔木，高可达 8 米。嫩枝白色中髓有淡黄色薄片横隔。叶对生，卵形、宽卵形、三角状卵形或卵状椭圆形。伞房状聚伞花序，顶生或腋生；花萼紫红色，5 深裂，宿存；冠筒部细，檐部 5 深裂，裂片长椭圆形，白色或带粉红色。核果扁球形，成熟时蓝紫色。花期 6~9 月，果期 9~11 月。

产秦巴山区，很普遍，生于海拔 560~1900 米间的山地灌丛或疏林中。

适应性强，生长势旺盛，可作灌木带分隔空间，亦可片植观花。

海州常山花枝

海州常山果枝

Coriaria sinica 马桑 【马桑科 Coriariaceae，(3)：185】

落叶灌木，高1~6米。小枝红褐色，有棱和疣状突起。叶对生，纸质至薄革质，卵状椭圆形至宽椭圆形。总状花序侧生于前年枝上，花杂性；花瓣近卵圆形，后渐增大而肉质化，宿存。浆果状瘦果，扁球形，成熟时由红色变紫黑色。花期3~4月，果期5~6月。

产秦巴山区，较普遍，生于海拔640~1900米间的山坡灌丛中。

果实量大，果色热烈，适宜丛植或片植观赏。但果实有毒。

马桑果枝

马桑雄花序

马桑雌花序

马桑果实

Cotinus coggygria var. *glaucophylla* 粉背黄栌 【漆树科 Anacardiaceae，(3)：186】

落叶灌木或小乔木，高 2~5 米。树冠圆形，树皮褐色。叶广椭圆形或卵圆形。圆锥花序顶生；花杂性，花黄色。果穗长约 20 厘米，不孕花梗呈紫绿色羽毛状，宿存。花期 4 月下旬至 5 月，果期 7 月。

产秦巴山区，生于低海拔的山地灌丛中。

典型的秋色叶树种，适宜作风景林，观叶。

粉背黄栌花枝

粉背黄栌不孕花枝

Cotoneaster multiflorus 水栒子 【蔷薇科 Rosaceae，(2)：491】

落叶灌木，高达3米；茎直立，丛生；小枝圆柱形，细长，拱曲。叶片宽卵形、卵形至椭圆形。伞房花序疏松，具花6~20朵，花径1~1.2厘米；花瓣近圆形，白色，在花蕾期微带淡红色。果实球形或倒卵形，红色。花期5月，果期9月。

产秦巴山区，生于海拔600~2000米间的山坡、山沟、河岸灌丛或杂木林中，很普遍。

花色洁白，果实鲜红，经久不凋，可作观赏植物。

水栒子花枝

水栒子果枝

Cudrania tricuspidata 柘树 【桑科 Moraceae，(2)：94】

落叶灌木或小乔木；树皮灰褐色；枝暗绿褐色，常有刺。叶近革质，卵形或倒卵形。雌、雄花序皆为头状。聚花果近球形，肉质，红色。花期5~6月，果期8~9月。

产秦巴山区，生于海拔400~1800米间的山地、田边或村庄附近。

适应性强，可作郊野公园绿化树种。

柘树果枝

柘树幼果枝

柘树果枝

Daphne genkwa 芫花

（闷头花）【瑞香科 Thymelaeaceae，（3）：332】

芫花花枝

落叶灌木，高 30~100 厘米。枝细长。叶对生或偶为互生，纸质，椭圆状长圆形至卵状披针形。花先叶开放，淡紫色或淡紫红色，3~7 朵成簇腋生；花被筒状。核果白色。花期 4~5 月，果期 5~6 月。

产长安、周至、商南、山阳、柞水、宁陕、安康、旬阳、平利、岚皋、西乡、洋县、城固、南郑、勉县、略阳、宁强，生于海拔 350~1200 米间的山地荒野或疏林下。

花有浓香，适宜丛植观花，不宜盆栽室内观赏。

芫花植株

Daphne giraldii 黄瑞香

（祖师麻）【瑞香科 Thymelaeaceae，（3）：334】

落叶直立灌木，高45~70厘米。幼枝浅绿色而带紫色，老枝黄灰色。叶常集生于小枝梢部，倒披针形。花黄色，稍芳香，常3~8朵成顶生头状花序，花被筒状。核果卵形，鲜红色。花期6月，果期7月。

产秦巴山区，较普遍，生于海拔1400~2900米间的山地灌丛或疏林下。

适宜带状或片状栽植，作香花或观果灌木应用。

黄瑞香果枝

黄瑞香花期植株

黄瑞香花枝

Debregeasia edulis 水麻

【荨麻科 Urticaceae，（2）：117】

落叶灌木或小乔木，高1~3米；小枝细。叶披针形至长椭圆状披针形。花单性同株或异株，集为球形的花束，再排列为腋生的聚伞花序。瘦果包于肉质、橙红色花被内。花期4~6月，果期6~7月。

产秦巴山区，生于海拔400~1600米间的山地或河滩潮湿处。

绿化树种。

水麻花序

水麻花枝

Decaisnea fargesii 猫屎瓜 【木通科 Lardizabalaceae，(2)：301】

落叶灌木，高达5米。枝黄绿色至灰绿色，具圆形皮孔。羽状复叶，小叶13~25片。圆锥花序下垂，花浅绿色，花被片6。果实圆柱形，蓝紫色，具白粉，富含糊状白瓤。花期5~6月，果期9~10月。

产秦巴山区，较常见，生于海拔900~2200米间的山地灌丛或杂木林下。

果色艳丽，可观赏，营养丰富，可食用。园林中可构建可食景观。

猫屎瓜花枝

猫屎瓜果枝

Desmodium elegans 圆锥山蚂蝗 【豆科 Fabaceae，B：187；*D.racemosum* 山蚂蝗，(3)：77】

灌木，高1~2米。小叶3，卵状椭圆形或圆菱形。顶生总状花序，花较密，花冠紫红色。荚果，荚节4~6。花期6~9月，果期9~10月。

产户县和宁陕，生于海拔1500~1980米间的山地灌丛或疏林中。

可作花灌木使用。

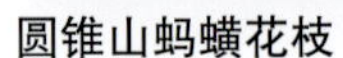
圆锥山蚂蟥花枝

圆锥山蚂蟥果枝

Deutzia grandiflora 大花溲疏

【虎耳草科 Saxifragaceae，(2)：458】

落叶灌木，高1~1.5米。小枝短，灰褐色，老枝灰色。叶卵状椭圆形或卵状披针形。花白色，1~3朵生于枝顶，下垂或偏向一侧，萼裂片线状披针形；花瓣椭圆状长圆形或倒卵状椭圆形。果实半球形。花期4~5月，果期7~8月。

产华阴、长安、户县、周至、眉县、丹凤、商州、山阳，生于海拔470~1700米间的山地灌丛中。

花灌木，适用于郊野公园。

大花溲疏植株

大花溲疏花枝

大花溲疏幼果

Deutzia hypoglauca 粉背溲疏

【虎耳草科 Saxifragaceae，（2）：461】

落叶灌木，高达2.5米。幼枝带紫红色，老枝皮淡栗褐色，脱落。叶卵状披针形、长圆形或长圆状披针形。伞房花序，具花6~15朵，花白色。果实具宿存、反折的短萼裂片。花期5~6月，果期7~8月。

产眉县、宝鸡、太白、镇安，生于海拔1350~2250米间的山地灌丛中。

花团锦簇，可作花灌木，适用于郊野公园。

粉背溲疏花序

粉背溲疏花枝

Dipelta floribunda 双盾木 【忍冬科 Carprifoliaceae，(5)：77】

双盾木花枝

双盾木花序

灌木，高达 6 米；枝纤细；树皮剥落。叶片卵圆形至卵状披针形。聚伞花序簇生于侧生短枝顶部叶腋，花冠粉红色至白色。果具宿存苞片和小苞片。花期 5~6 月，果期 7~10 月。

产秦岭南坡和巴山。

花大醒目，可作花灌木应用。

Elaeagnus mollis 毛褶子

（翅果油树）【胡颓子科 Elaeagnaceae，（3）：340】

灌木或小乔木，高达 3 米。树皮灰褐色；小枝密被淡黄色鳞片及星状毛。叶厚纸质，菱状卵形或狭卵形。花淡绿色，1~3 朵簇生于叶腋，下垂。花期 5 月。果期 7~9 月。

产户县，生于海拔 900~1300 米间的山地疏林中。油料植物，或作绿化树种。

毛褶子树冠

毛褶子果枝

毛褶子果实

Elaeagnus umbellata 牛奶子 【胡颓子科 Elaeagnaceae，(3)：340】

落叶灌木，高达 4 米。枝开展，通常有针刺；幼枝密被银白色鳞片。叶纸质，椭圆形至倒披针形。花先叶开放，黄白色，有芳香，1~7 朵丛生新枝基部。果实近球形至卵圆形，红色。花期 5~6 月，果期 9~10 月。

产秦巴山区，很普遍，生于海拔 400~1950 米间的山地疏林或河岸。

适应性强，着花繁密，果可食，可作花灌木丛植或片植。

牛奶子树冠

牛奶子花枝

牛奶子果枝

Elsholtzia fruticosa 鸡骨柴 （灌木香薷）【唇形科 Lamiaceae，（4）：280】

鸡骨柴植株

直立灌木，高 1~2 米。枝被白色卷毛。叶椭圆形、卵状长圆形或椭圆状披针形。轮伞花序在主、侧枝端集聚为圆柱状假穗状花序，花冠白色或淡黄色。小坚果长圆形。花期 8~9 月，果期 10~11 月。

产户县、周至、眉县、太白、佛坪、洋县、南郑、略阳、丹凤，生于海拔 1000~1800 米间的山地灌丛中。

花序大而醒目、素雅，是优良的花灌木。

鸡骨柴花序

Euonymus phellomanus 栓翅卫矛 【卫矛科 Celastraceae，(3)：200】

栓翅卫矛果实

栓翅卫矛果枝

落叶灌木或小乔木，高可达4米。枝硬直，通常具4纵裂褐色木栓质翅。叶长圆形或长圆状披针形。花序聚伞状，腋生，具花3~21；花绿白色，4数。蒴果倒三角状心形，具4棱；种子椭圆形，褐色，被橘黄色假种皮。花期6~7月，果期9月。

产秦巴山区，生于海拔1300~2500米间的山地杂木林中。

枝干和果实极具观赏价值，可作庭园观赏树种。

Euscaphis japonica 野鸦椿 【省沽油科 Staphyleaceae，(3)：216】

灌木或小乔木，高3~8米。树皮灰色；小枝及芽红紫色，枝叶揉碎后发恶臭气味。复叶，小叶厚纸质，5~11，卵形、狭卵形或宽披针形。圆锥花序顶生，花黄绿色。蓇葖果倒卵状椭圆形，紫红色。花期5~6月，果期8~9月。

产安康、旬阳、平利、岚皋、镇坪、洋县、勉县、宁强，生于海拔420~2800米间的山地灌丛或杂木林中。

树形优美，果色艳丽，可作园林观赏树种。

野鸦椿果枝

野鸦椿果实

野鸦椿果枝

Exochorda giraldii 红柄白鹃梅 【蔷薇科 Rosaceae，(2)：473】

灌木，高达5米；枝丛生，幼时绿色，老时微红褐色。叶片椭圆形至倒卵状椭圆形，叶柄细，常呈红色。花序总状，具花5~10朵；苞片线状披针形；花瓣倒卵形或长圆状倒卵形。蒴果倒圆锥形，棕红色。花期4~5月，果期8~10月。

产秦岭山地，较常见，生于海拔700~2880米间的山地灌丛或杂木林中。

花大，花色洁白、素雅，是园林中常见的花灌木。

红柄白绢梅花枝

红柄白绢梅花朵

红柄白绢梅果枝

Ficus heteromorpha 异叶天仙果

（异叶榕）【桑科 Moraceae，（2）：92】

落叶灌木，高 1~5 米；树皮灰褐色；小枝直立，少分枝。叶形状多变化，披针形、倒卵状长圆形、椭圆形或琴形，并有 3 裂，叶柄带红色。花托（隐头花序）常单个或成对着生于当年生枝上部，球形，成熟时紫色或紫黑色。雄花和虫瘿花混生，虫瘿花扁球形。花期 4~5 月，果期 8~9 月。

产秦巴山区，生于海拔 500~1800 米间的山地灌丛。

叶片较大，有光泽，可作绿化树种。

异叶天仙果花枝

异叶天仙果花托（隐头花序）

Glochidion puberum 算盘子

【大戟科 Euphorbiaceae，（3）：166】

灌木，高 1~3 米。枝被锈色或黄褐色短柔毛。叶片厚纸质或近革质，椭圆形、长圆状卵形或披针形。花数朵簇生，雄花位于小枝上的叶腋内，或有时雌、雄花同生于一叶腋内。蒴果扁圆形，红色。花期 6~10 月，果期 8~12 月。

产安康、平利、岚皋、镇巴、西乡、南郑、勉县、宁强，生于海拔 450~1100 米的山坡草地。

果形有趣，可丛植观果。

算盘子果枝

算盘子果实

Grewia biloba var. *parviflora* 扁担木

（孩儿拳头）【椴树科 Tiliaceae，(3)：280】

灌木，高1~3米。小枝密被褐色短毛或星状毛。叶宽卵形或菱状卵形。聚伞花序；花淡黄色。核果近球形，橙黄色或成熟后黑红色，有光泽。花期6~7月，果期8~9月。

产秦巴山区，很普遍，生于海拔520~1950米间的山地灌丛或林缘。

果实可食，可作观果树种。

扁担木幼果枝

扁担木成熟果实

扁担木花枝

Helwingia japonica 青荚叶 【山茱萸科 Cornaceae，（3）：440】

落叶灌木，高 1~3 米。树皮灰褐色至深褐色；枝条圆柱形，褐色或黄绿色，叶痕突起。叶纸质，互生，卵形，卵状椭圆形。雄花 5~12 朵组成密聚伞花序；雌花具梗，单生或 2~3 朵簇生，生于叶面中部或近基部；花瓣 3~5，淡绿色。核果近球形，黑色。花期 5 月，果期 7~8 月。

产秦巴山区，很普遍，生于海拔 900~2900 米间的山地灌丛或林下。

花果着生方式奇特，可作庭园观赏。

青荚叶幼果枝

青荚叶成熟果实

Hippophae rhamnoides 沙棘 【胡颓子科 Elaeagnaceae，（3）：337】

落叶灌木或小乔木，高 5~8 米。枝灰色，具粗壮棘刺；幼枝密被褐色鳞片。叶线形至线状披针形。短总状花序着生于去年生枝上；花小，淡黄色，先叶开放。果实球形或卵圆形，橙黄色或橘红色。花期 3~4 月，果期 8~9 月。

产秦岭北坡。

耐寒、耐旱，适应性强，广泛应用于生态园林和可食景观中。果实富含维生素和有机酸，可鲜食或榨汁。

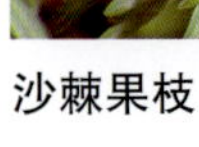

沙棘果枝

沙棘果实

Hydragea bretschneideri 东陵八仙花

（东陵绣球）【虎耳草科 Saxifragaceae，(2)：452】

东陵八仙花花枝

东陵八仙花花序

直立灌木，高 1~3 米。2 年生枝栗褐色，皮开裂，呈长片状剥落。叶长卵圆形或椭圆状卵形。伞房花序宽 10~15 厘米，顶部略呈半圆形；不育花直径 2~2.5 厘米；萼片 4，白色，有时变为浅紫色或淡黄色；两性花淡白色。蒴果近卵形。花期 6~7 月，果期 8~9 月。

产秦巴山区，较常见，生于海拔 1350~2000 米间的山地疏林中。

可作花灌木丛植。

Hydragea longipes 长柄八仙花

（莼兰绣球）【虎耳草科 Saxifragaceae，（2）：455】

长柄八仙花植株

直立灌木，高 0.5~2 米。枝细长，具黄褐色髓心。叶宽卵形至长卵圆形。聚伞花序，直径 10~15 厘米，较稠密；不育花直径 2~4 厘米，萼片 4，白色；能育花白色，小形。蒴果球形。花期 6~7 月，果期 8~9 月。

产秦巴山区，生于海拔 700~2300 米间的山地灌丛或疏林中。

同属植物已是园林中的常见花灌木。

长柄八仙花花枝

Hypericum chinense 金丝桃 【藤黄科 Clusiaceae，(3)：306】

半常绿小灌木，高达1米。全株光滑，多分枝；小枝对生，红褐色。叶对生，具透明腺点，长椭圆形或长圆形。花顶生，单生或成聚伞花序，鲜黄色，有光泽，直径3~5厘米。蒴果卵圆形。花期6月，果期8月。10月份开花属于二次开花。

产秦巴山区，很普遍，生于海拔700~2600米间的山地荒野、灌丛或林下。

观花或观果。同属植物可作切果使用。

金丝桃果枝

金丝桃花朵（10月中旬拍摄，属于二次开花现象）

Hypericum patulum 金丝梅 【藤黄科 Clusiaceae，(3)：306】

灌木，高达1米。小枝拱曲，常呈红色或暗褐色。叶卵形、长卵形或卵状披针形。花单生枝端或成聚伞花序，直径4~5厘米；花瓣金黄色；雄蕊多数。蒴果卵形。花果期4~11月。

产紫阳、安康、岚皋、城固、南郑、勉县、略阳、宁强，生于海拔350~1700米间的山地荒野、灌丛或林缘。

花大色艳，适应性强，可作花灌木丛植，或作地被植物片植。

金丝梅植株

金丝梅花朵

Indigofera amblyantha 多花木蓝 【豆科 Fabaceae，（3）：34】

直立灌木，高 80~200 厘米。树皮褐色或淡褐色。羽状小叶对生，稀互生，倒卵形或倒卵状长圆形。腋生总状花序长 11 厘米；花冠淡红色。荚果线形，棕褐色。花期 5~8 月，果期 8~10 月。

产秦巴山区，较常见，生于海拔 600~2100 米间的山地林下或灌丛中。

着花热闹，花色鲜艳，可作花灌木片植。

多花木蓝花枝

多花木蓝植株

Kolkwitzia amabilis 猬实 【忍冬科 Carprifoliaceae，(5)：51】

猬实花枝

灌木，高达 3 米；幼枝被柔毛及糙毛，老枝光滑。叶片椭圆形至卵状长圆形。伞房状的圆锥聚伞花序，腋生于侧生短枝顶端；花粉红色至紫色，内面具黄色斑纹。果实密被黄色刺刚毛。花期 4~5 月，果期 7~9 月。

产宝鸡、华阴、丹凤、山阳，生于海拔 660~1900 米间的山地灌丛或林下。

优良花灌木，已在园林中广泛应用。

猬实植株

Leptodermis oblonga 薄皮木 【茜草科 Rubiaceae，(5)：11】

薄皮木植株

灌木，高约1米。叶对生或假轮生，叶片长圆形或长圆状倒披针形。花通常2~10簇生于枝端或叶腋内，花5数，花冠淡红色或紫红色。果实椭圆形。花期5~6月，果期8~9月。

产秦巴山区，生于海拔510~1600米间的山坡草地或灌丛中。

枝细花繁，姿态轻盈，可作花灌木丛植。

薄皮木花枝

Leptopus chinensis 雀儿舌头

【大戟科 Euphorbiaceae，(3)：168】

小灌木，高达 80 厘米，多分枝。老枝浅褐紫色，幼枝绿色或淡褐色。叶卵形或披针形。花单生或 2~4 朵簇生于叶腋，花瓣 5，白色。蒴果扁球形。花期 4~8 月，果期 5~10 月。

产秦巴山区，生于海拔 420~1800 米间的山地灌丛中。

绿化树种。

雀儿舌头果枝

雀儿舌头植株

Lespedeza floribunda 多花胡枝子

【豆科 Fabaceae，(3)：82】

小灌木，高 60~80 厘米。枝微具棱。小叶倒卵形、长圆形或卵状长圆形。总状花序腋生，无瓣花簇生叶腋，呈头状花序；花冠紫色。荚果卵状菱形。花期 7~9 月，果期 10 月。

产秦巴山区，较常见，生于海拔 250~1600 米的山坡、山谷、河岸灌丛或疏林中。

常见花灌木，丛植或片植。

多花胡枝子花枝

多花胡枝子植株

Ligustrum acutissimum 蜡子树 【木犀科 Oleaceae，(4)：90】

蜡子树花序

落叶灌木，高1~3米。枝开展。叶厚纸质，椭圆形、椭圆状长圆形、卵状椭圆形或狭披针形。圆锥花序，顶生，花冠白色。核果椭圆形，成熟时蓝黑色。花期5~6月，果期9~10月。

产秦巴山区，较普遍，生于海拔660~2000米间的山地灌丛或林下。

花色洁白，可观花或作绿化树种。

蜡子树花枝

Litsea pungens 木姜子 【樟科 Lauraceae（2）：353】

落叶灌木或小乔木，高达6米。小枝细瘦，干后紫褐色。叶薄纸质，多簇生于枝端，椭圆状披针形、倒披针形或披针形。伞形花序具短总梗，花黄色。浆果球形，蓝黑色。花期5月，果期7~9月。

产秦巴山区，较常见，生于海拔700~2150米间的山地灌丛或杂木林中。

春季开花，先花后叶，俏丽夺目，是优良的春季观花树种，可丛植或片植。

木姜子花期植株

木姜子花序

木姜子果枝

Litsea tsinlingensis 秦岭木姜子 【樟科 Lauraceae，B：108】

秦岭木姜子植株

落叶灌木或小乔木，高达6米。叶质薄，倒卵形或倒卵状椭圆形。伞形花序单生，具花10朵左右，花黄色，花被片6。浆果球形，黑色。花期4~5月，果期7~9月。

产秦巴山区，生于海拔960~1800米间山地灌丛或疏林中。

春季开花，先花后叶，俏丽夺目，是优良的春季观花树种，可丛植或片植。

秦岭木姜子花序

秦岭木姜子果枝

Lonicera chrysantha 金花忍冬 【忍冬科 Caprifoliaceae，(5)：69】

灌木，高1~4米。叶纸质，叶片菱状卵形、菱状披针形或卵状披针形。花冠先白色后变黄色。果实球形，红色。花期5~6月，果期7~9月。

产秦巴山区，很普遍，生于海拔660~2400米间的山地灌丛或疏林中。

花序明显，花形奇特，适宜丛植或片植观花。

金花忍冬花朵

金花忍冬花枝

Lonicera elisae 北京忍冬 （裤裆果）【忍冬科 Caprifoliaceae，(5)：66】

灌木，高1~3米；老枝茎皮呈条状剥落。叶纸质，叶片卵状椭圆形、卵状披针形或椭圆状长圆形。花与叶同时开放，花冠白色或粉红色，长漏斗状。果实椭圆形。花期3~5月，果期6~7月。

产华阴、长安、周至、眉县、凤县、宁陕、山阳，生于海拔1000~2900米间的山地灌丛或林下。

花期早，是很好的早春观花灌木。

北京忍冬植株

北京忍冬花朵

Lonicera ferdinandii 葱皮忍冬 【忍冬科 Caprifoliaceae，(5) : 64】

灌木，高 1~3 米；茎皮呈条状剥落。叶纸质或厚纸质，卵形、卵状披针形或长圆状披针形。总花梗极短，苞片大，花冠白色后变淡黄色。果实卵球形，红色，外包以撕裂的壳斗。花期 4~5 月，果期 8~10 月。

产秦岭山地，生于海拔 750~1800 米间的山地灌丛或疏林中。

花色淡雅，果实红艳，可在园林中片植观赏。

葱皮忍冬果枝

葱皮忍冬花枝

Lonicera maackii 金银忍冬 (金银木)【忍冬科 Caprifoliaceae，(5) : 71】

灌木，高 2~5 米，小枝中空。叶纸质，叶片形状变化较大，通常卵状椭圆形或卵状披针形。花芳香，生于幼枝叶腋；花冠先白色后变黄色。果实球形，暗红色。花期 5~6 月，果期 8~10 月。

产秦巴山区，生于海拔 400~1600 米间的山地灌丛或疏林中。

花色淡雅，果实红艳，可在园林中片植观赏。

金银忍冬花枝

金银忍冬果枝

Lonicera tangutica 陇塞忍冬 （唐古特忍冬）【忍冬科 Caprifoliaceae，（5）：55】

灌木，高 2~3 米，2 年生小枝淡褐色。叶纸质，叶片倒披针形、长圆形、倒卵形或椭圆形。总花梗生于幼枝下方叶腋，花冠白色、黄白色或淡黄色，筒状漏斗形。果实球形，红色。花期 5~6 月，果熟期 7~8 月。

产秦巴山区，生于海拔 1150~2900 米间的山地灌丛或疏林中。

叶形舒展美观，果色艳丽，园林观花观果植物。

陇塞忍冬果实

陇塞忍冬果枝

Lyonia ovalifolia var. *elliptica* 珍珠花 （南烛）【杜鹃花科 Ericaceae，（4）：24】

落叶灌木或小乔木，高 2~7 米。幼枝暗红褐色，老枝暗灰色。叶卵状长圆形或卵状椭圆形。总状花序腋生，花冠圆柱状坛形，白色，5 浅裂。蒴果球形。花期 6~7 月，果期 8~9 月。

产宁陕、汉阴、安康、旬阳、平利、岚皋、镇坪、镇巴、西乡、佛坪、洋县、城固、南郑、留坝、略阳、宁强，生于海拔 420~2000 米间的山地灌丛或疏林下。

花序长而洁白，庭院观花植物。

珍珠花花枝

珍珠花果枝

Maddenia hypoleuca 假稠李

（臭樱）【蔷薇科 Rosaceae，（2）：577】

灌木或小乔木，高 2~6 米；小枝圆柱形，老时暗红色；树皮灰黑色。叶片倒卵状长椭圆形或长椭圆形，揉之有臭味。总状花序短粗，密生多数花朵，着生具叶短枝端。核果椭圆形，黑色。花期 4~5 月，果期 7 月。

产眉县、太白、凤县、宁陕，生于海拔 1200~3100 米间的山坡、山沟灌丛或杂木林中。

适应性强，春季开花绿化树种。

假稠李花序（花无花瓣）

假稠李花枝

Mallotus repandus 石岩枫

（杠香藤）【大戟科 Euphorbiaceae，（3）：175】

灌木，有时藤本状或小乔木，高 7~10 米。枝红褐色。叶卵形、长圆状卵形或长圆状披针形。花雌雄异株；雄花序穗状，腋生或顶生，雌花序总状。蒴果圆球形，有黄色密毛。花期 4~5 月，果期 7~9 月。

产山阳、宁陕、紫阳、岚皋、平利、镇坪、西乡、城固、勉县、略阳、宁强、南郑，生于海拔 340~1800 米间的山地灌丛中。

适应性强，郊野公园绿化树种。

石岩枫果实

石岩枫果枝

Mallotus tenuifolius 野桐 【大戟科 Euphorbiaceae，(3)：176】

灌木或小乔木，高 1.5~4 米。叶广卵形或三角状圆形。花雌雄异株，总状花序顶生。蒴果球形。花期 5~6 月，果期 8~9 月。

产商南、西乡、洋县、汉中、略阳、南郑，生于海拔 700~800 米间的山坡。

花序大而夺目，色彩娇丽，春季观花树种。

野桐果实

野桐果枝

Meliosma cuneifolia 泡花树 【清风藤科 Sabiaceae，(3)：242】

灌木至小乔木，高 2~6 米。小枝紫褐色，具棕色皮孔。单叶纸质，倒卵状楔形。圆锥花序顶生或生于上部叶腋内，花白色。核果球形，黑色。花期 7 月，果期 9 月。

产秦巴山区，较普遍，生于海拔 1100~2300 米间的山地杂木林中。

适应性强，郊野公园绿化树种

泡花树花枝

泡花树果枝

Neillia sinensis 绣线梅 【蔷薇科 Rosaceae，(2)：474】

灌木，高达2米；树皮暗褐色，剥裂；枝细长，圆柱形，紫褐色。叶片卵形至卵状长圆形。总状花序狭，具花10~20朵；花瓣圆形或倒卵形，粉红色或淡粉红色。果实长椭圆形。花期5~6月，果期8~9月。

产秦巴山区，较普遍，生于海拔520~2200米间的山地灌丛或杂木林中。

花色粉艳，为春末夏初观花植物，可孤植或丛植。

绣线梅花序

绣线梅花枝

Neoshirakia japonica 白木乌桕 【大戟科 Euphorbiaceae，(3)：179】

落叶灌木或小乔木，高1.5~5米。叶椭圆状卵形或椭圆状长倒卵形。花序长5~10厘米；雄花多数位于花序上部，雌花生于花序基部。蒴果，黄褐色。花期5~6月，果期7~8月。

产商南、丹凤、洛南、安康，生于海拔850米左右的山地疏林中。

适应性强，郊野公园绿化树种。

白木乌桕幼果

白木乌桕果枝

Orixa japonica 臭常山 【芸香科 Rutaceae，(3)：141】

灌木，高达 3 米；枝平滑，暗褐色或淡褐灰色。单叶。雄花序长 2~4 厘米，雌花通常单生。蓇葖果 4 瓣裂。花期 3~4 月，果期 6~8 月。

产商州、商南、山阳、镇巴，生于海拔 1200 米左右的山地灌丛或疏林中。

适应性强，郊野公园绿化树种。

臭常山幼果

臭常山果枝

Ostryopis davidiana 虎榛子 【桦木科 Betulaceae，(2)：68】

丛生灌木，高 2~3 米；幼枝浅褐色，老枝灰褐色，具小形皮孔。叶宽卵形。雄花序单生于前年生枝的叶腋或数枚簇生于枝顶，雌花序生于当年生枝顶，每 6~14 个密集成簇。总苞管状，小坚果卵圆形，深褐色。花期 4~5 月，果期 7~8 月。

产秦岭山地，生于海拔 800~2000 米间的山坡或沟谷灌丛中。

适应性强，郊野公园绿化树种。

虎榛子果实

虎榛子果枝

Periploca sepium 杠柳 【萝藦科 Asclepiadaceae，(4)：135】

落叶蔓性灌木，长可达2米。除花外，全株无毛；茎灰褐色，小枝通常对生，具皮孔。叶膜质，卵状长圆形。聚伞花序腋生；花冠紫红色，辐状，副花冠环状。蓇葖果双生，纺锤状长圆形。花期5~6月，果期7~9月。

秦巴山区均产，较常见，生于海拔200~1480米间的山坡灌丛、林缘、田埂或河岸。

花形奇特，蔓性明显，可沿围墙栏杆种植装饰。

杠柳花枝

杠柳果枝

Philadelphus incanus 白毛山梅花 【虎耳草科 Saxifragaceae，(2)：457】

灌木，高2~3.5米。2~3年生枝皮褐色，片状脱裂。叶卵形至长圆状卵形。花序总状，具花5~7朵；花白色，花瓣宽卵形。蒴果。花期5~6月，果期7~8月。

产秦巴山区，较常见，生于海拔550~2460米间的山地灌丛或林中。

花朵大而醒目，花期长，可作庭院绿化观赏树种。

白毛山梅花花朵

白毛山梅花花枝

Photinia beauverdiana 中华石楠 【蔷薇科 Rosaceae，(a)：155】

落叶灌木或小乔木，高达8米；小枝圆柱形，具明显疣点。叶片椭圆状长圆形至倒卵状长圆形。复伞房花序，花瓣近圆形或宽倒卵形，白色。果实卵形，红色。花期5月，果期9~10月。

产商南、丹凤、宁陕、旬阳、平利、岚皋、镇坪，生于海拔1000~1800米间的山地灌丛或杂木林中。

适应性强，可作绿化树种片植。

中华石楠果枝

中华石楠果枝

Photinia parvifolia 小叶石楠 【蔷薇科 Rosaceae，B：151】

落叶灌木，高达5米；小枝具皮孔；叶膜质，具短柄，椭圆状卵形。总状伞形花序，具花2~9朵。梨果椭圆形，橙红色。花期5~6月，果期9~10月。

产旬阳、白河、汉阴、紫阳、岚皋、平利、镇坪、镇巴、西乡、佛坪、宁强；生于海拔600~1300米间的山地灌丛中。

适应性强，可作绿化树种片植。

小叶石楠果枝

小叶石楠果枝

Picrasma quassioides 苦树 【苦木科 Simaroubaceae，(3)：149】

灌木或小乔木，高达10米。树皮紫褐色，有极苦味；小枝青绿色至红褐色，有明显的黄色皮孔。羽状复叶，小叶9~15，狭卵形至长圆状卵形。聚伞花序，花杂性异株，黄绿色。核果倒卵状球形，蓝色至红色。花期5~6月，果期9月。

产秦巴山区，生于海拔650~1800米间的山地灌丛或杂木林中。

绿化树种。

苦树果枝

苦树花枝

Piptanthus concolor 黄花木 【豆科 Fabaceae，(3)：18】

落叶灌木，直立，高1~4米。枝圆柱形，深绿色。小叶狭椭圆状披针形。总状花序顶生。荚果带状倒披针形，镰刀状，深褐色。花期5月，果期9月。

产宝鸡、凤县、太白、佛坪，生于海拔1100~2000米间的山地林缘、灌丛或草地。

枝叶轻盈美丽，可作庭院观赏灌木。

黄花木植株

黄花木枝叶

Potentilla glabra 银露梅 【蔷薇科 Rosaceae，*P. arbuscula* var.*veitchii* 华西银蜡梅，(2)：548】

落叶灌木，高 1~1.5 米。茎直立；小枝老时褐色，皮剥裂。羽状复叶具小叶 3~5 片。花单生短枝顶端，花瓣白色，倒卵形或近圆形。花期 7~8 月，果期 8~9 月。

产秦岭山地及南郑，较普遍，生于海拔 1200~3300 米间的山坡草地、灌丛或林下。

夏季观花灌木，可作群植片植。

银露梅花朵

银露梅群落

Prunus discadenia 盘腺樱桃 【蔷薇科 Rosaceae，(2)：589】

落叶灌木或小乔木，高 4~6 米；小枝灰褐色至红褐色。叶片倒卵形或长圆状倒卵形，边缘具尖锐细锯齿，齿端具盘状腺体。总状花序疏松，具花 3~9 朵；花径约 1.5 厘米，与叶同放，芳香，萼筒近钟状，花瓣圆形，白色，边缘啮蚀状。果实近球形，红色。花期 5~6 月，果期 7~8 月。

产秦巴山区，生于海拔 1700~2300 米间的杂木林中。

观花及观叶植物。

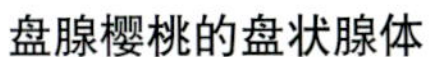

盘腺樱桃的盘状腺体

盘腺樱桃果枝

Prunus kansuensis 甘肃桃 【蔷薇科 Rosaceae，(2)：583】

落叶灌木或小乔木，高达 6 米；嫩枝绿色或浅紫色，老枝褐色；冬芽小，3 个并生。叶片长圆状披针形或披针形。花单生，萼筒钟状，紫红色；花瓣卵形，白色或早期淡粉红色。果实近球形。花期 4 月，果期 7~8 月。

产秦巴山区，生于海拔 370~1900 米间的山谷、山坡、河岸灌丛或疏林中。

可供观赏及用作嫁接桃的砧木。

甘肃桃群落

甘肃桃果枝

甘肃桃花朵

Prunus tomentosa 毛樱桃 【蔷薇科 Rosaceae，(2)：583】

落叶灌木，高3~5米；树皮片状剥裂。叶互生或3~4片簇生短枝上，倒卵形至椭圆形。花单生或2朵并生，先叶或与叶同放；萼筒管状，萼裂片卵状三角形；花瓣狭倒卵形，白色或带淡红色。果实球形，红色。花期4~5月，果期6~7月。

产秦巴山区，较普遍，生于海拔800~2400米间的山地灌丛或林缘。

花量大，结果多，观花观果灌木，果实味道可口。

毛樱桃果枝

毛樱桃花枝

Rhamnella franguloides 卵叶猫乳 【鼠李科 Rhamnaceae，(3)：253】

灌木或小乔木，高4~6米。幼枝灰色；老枝密被黄褐色皮孔。叶纸质，倒卵形、倒卵状椭圆形或长圆形。聚伞花序腋生。核果柱状椭圆形，黑色。花期5~6月，果期8~9月。

产商南、丹凤、山阳、旬阳、安康、平利，生于海拔500~1200米间的山地灌丛中。

可作郊野公园绿化树种。

卵叶猫乳花序

卵叶猫乳花枝

Rhamnus leptophylla 薄叶鼠李 【鼠李科 Rhamnaceae，(3)：260】

灌木，高达 5 米。幼枝褐色或灰褐色，具刺；老枝灰色，顶端或分枝处具刺。叶对生、近对生或簇生于短枝顶，薄纸质，倒卵形、椭圆形或圆形。花绿色，微小，单性，簇生于短枝，或成聚伞花序。核果球形，黑色。花期 5~6 月，果期 8~9 月。

产周至、眉县、太白、商南、商州、山阳、安康、紫阳、平利、岚皋、镇坪、西乡、佛坪、宁强，生于海拔 500~1800 米间的山地灌丛或疏林中。

可作郊野公园绿化树种。

薄叶鼠李果枝

薄叶鼠李果实

Ribes alpestre 长刺茶藨子 【虎耳草科 Saxifragaceae，(2)：445】

落叶灌木，高 1.5~3 米。枝有刺；刺长 1.5~2 厘米，3 分叉。叶片宽卵形。花 1~2 朵，生于叶腋或侧枝上；花瓣长圆状披针形，白色。果实椭圆形或近球形，光滑。花期 4~5 月，果期 6~9 月。

产华山、太白山、佛坪、平利，生于海拔 118~2700 米间的山地灌丛或疏林中。

可作花篱、刺篱或花灌木使用。

长刺茶藨子果实

长刺茶藨子果枝

Ribes fasciculatum var. *chinense* 蔓茶藨子 【虎耳草科 Saxifragaceae，(2)：446】

落叶灌木，高达 1.5 米。枝直立或平卧。叶近圆形，3~5 裂。花雌雄异株；雄花 4~5 朵簇生，黄绿色，有香气，雌花 2~4 朵簇生。浆果近球形，红褐色。花期 4~5 月，果期 8~9 月。

产长安、户县、眉县、山阳、太白、略阳，生于海拔 900~1400 米间的山地灌丛中。

可作花篱、刺篱或观果花灌木使用。

蔓茶藨子植株

蔓茶藨子果实

蔓茶藨子花枝

蔓茶藨子花序

Rosa omeiensis 峨眉蔷薇 【蔷薇科 Rosaceae，(2)：566】

落叶灌木，高 2~3 米。茎直立，小枝紫红色，嫩时密生刺毛，刺扁化。羽状复叶具小叶 9~13（17）片，小叶片长圆形或椭圆状长圆形。花单生于短枝顶端，花托球形或椭圆形，红色；花瓣 4，白色，倒心状圆形。蔷薇果椭圆形，鲜红色，具膨大的肉质果梗，果梗橙黄色。花期 5~6 月，果期 7~8 月。

产秦巴山区，很普遍，生于海拔 730~3000 米间的山地灌丛或林下。

观花观果灌木，丛植或片植。

峨眉蔷薇花枝

峨眉蔷薇果枝

Rosa tsinglingensis 秦岭蔷薇 【蔷薇科 Rosaceae，(2)：566】

落叶灌木，高 2~3 米。茎直立；小枝紫红色，密生细刺。羽状复叶具小叶（9）11~13 片，小叶片椭圆形。花单生，花瓣白色，近宽倒卵形。蔷薇果倒卵形至长圆状倒卵形，红褐色。花期 7~8 月，果期 9 月。

产太白山、玉皇山，生于海拔 2400~3000 米间的山坡灌丛或林下。

观花观果灌木，丛植或片植。

秦岭蔷薇果枝

秦岭蔷薇花枝

Rubus coreanus 覆盆子 （插田泡）【蔷薇科 Rosaceae，(2)：537】

覆盆子果枝

落叶灌木。枝粗壮，近直立或拱曲，被白粉；刺粗壮。羽状复叶具小叶5片，小叶片卵形、菱状卵形或宽卵形。花瓣淡红色，倒圆卵形。聚合果近球形，红色至紫黑色。花期5月，果期7~8月。

产秦巴山区，生于海拔660~1650米间的山地灌丛或疏林下。

观花观果灌木，果实酸甜可口。

覆盆子花枝

Rubus lambertianus var. *glaber* 光叶高粱泡 【蔷薇科 Rosaceae，（2）：531】

光叶高粱泡果实

半常绿灌木。茎细长，具稀疏硬弯刺；小枝无毛。叶片卵形或长圆状卵形。圆锥状花序顶生，花瓣白色，倒卵形。聚合果近球形，黄色或橙红色。花期 8 月，果期 10~11 月。

产秦岭南坡及巴山，较普遍，生于海拔 300~1800 米间的山坡、山沟灌丛或杂木林下。

观花观果灌木，丛植或片植。

光叶高粱泡果枝

Sambucus williamsii 接骨木 【忍冬科 Carprifoliaceae，(5)：31】

落叶灌木或小乔木，高4~6米。枝条具明显皮孔。羽状复叶；小叶3~11；小叶片卵圆形、椭圆形或长圆状披针形。早春花与叶同时开放，聚伞圆锥花序，花小而密集，蕾时带粉红色，开后白色或淡黄色。浆果状核果，近球形，红色，稀蓝黑紫色。花期4~5月，果期6~10月。

产秦巴山区，生于海拔540~2200米间的山地灌丛或林缘。

花序夺目，果实大串红艳，优良观果树种。

接骨木果枝

接骨木花枝

Sinowilsonia henryi 山白树 【金缕梅科 Hamamelidaceae，(2)：467】

灌木或乔木，高达8米；小枝被星状短柔毛。叶片宽卵形至倒卵状椭圆形或近圆形。雄花序长4~6厘米，下垂，雌花序总状，长1.5~3厘米，果时延长达15~20厘米，密被星状毛。蒴果宽卵圆形，被刚毛。花期5月，果期8月。

产户县、眉县、宁陕、岚皋、平利、镇坪、佛坪、洋县、城固、汉中，生于海拔850~1850米间的山地灌丛或杂木林中。

可作绿化树种。

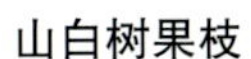
山白树果枝

山白树果实

Smilax stans 鞘柄菝葜 【百合科 Liliaceae，(1)：316】

鞘柄菝葜幼果枝

直立落叶小灌木，高可达2米；茎圆筒形，坚硬，灰绿色，无刺。叶互生，卵圆形。花序伞形，着生二至数花。浆果黑色，具白粉。花期5月，果期8~10月。

产秦巴山区，很普遍，生于海拔720~2350米间的山地灌丛或林下。

可作观果灌木，带植或片植。

鞘柄菝葜成熟果实

Sophora davidii 白刺花

【豆科 Fabaceae，B：193；*S.viciifolia* 狼牙刺，(3)：13】

白刺花果枝

落叶灌木，高 1~2.5 米。枝劲直，多瘤；小枝短而外展，顶端及基部有刺。羽状复叶长 7 厘米或更长；小叶 11~21，椭圆形至长倒卵形，托叶小，呈茸毛或硬刺状。总状花序生于老的短枝顶端，具 6~12 花。荚果串珠状。花期 5~6 月，果期 8 月。

产秦巴山区，生于海拔 250~1700 米的山地灌丛中。

耐旱性强，可作水土保持树种，也可供观赏。

白刺花花枝

Sorbus koehneana 陕甘花楸 【蔷薇科 Rosaceae，(2)：509】

陕甘花楸树冠

陕甘花楸花枝

灌木或小乔木，高达5米；小枝圆柱形，红褐色至黑灰色。羽状复叶具小叶17~25个。复伞房花序直径4~8厘米，具多数花；花瓣圆卵形，白色。果实球形，白色。花期6月，果期9月。

产秦岭山地，生于海拔1400~3500米间的山地杂木林中。

观花观果灌木，园林孤植或丛植。

陕甘花楸花序

陕甘花楸果实

Spiraea fritschiana 华北绣线菊 【蔷薇科 Rosaceae，(2)：477】

华北绣线菊花序

小灌木，高达1.5米；小枝具角棱，较粗壮。叶片卵形、椭圆状卵形至椭圆状长圆形。复伞房花序顶生于当年生枝上，直径3.5~8厘米；花瓣倒卵形，白色，在芽中呈粉红色。蓇葖果直立。花期5~6月，果期7~8月。

产秦巴山区，生于海拔840~2000米间的山地灌丛或杂木林中，较常见。

花序夺目，适合丛植或片植。

华北绣线菊花枝

Spiraea rosthornii 南川绣线菊 【蔷薇科 Rosaceae，(2)：479】

灌木，高达 2 米；枝开展，小枝微具角棱。叶片卵状披针形至卵状长圆形。复伞房花序生侧枝顶端，直径 5~8 厘米，密生多数花朵；花瓣倒圆卵形，白色。蓇葖果开展。花期 5~6 月，果期 7~8 月。

产秦巴山区，生于海拔 1200~2900 米间的山地灌丛或杂木林中，较常见。

花序淡雅，适合丛植或片植。

南川绣线菊植株

南川绣线菊花枝

Stachyurus chinensis 中国旌节花 【旌节花科 Stachyuraceae，(3)：327】

灌木，高 2~4 米。树皮光滑，小枝紫褐色或暗绿色。叶互生，纸质，卵形至卵状长圆形。穗状花序长 4~8 厘米；花黄色，先叶开放。浆果球形。花期 3~4 月，果期 7~8 月。

产秦巴山区，很普遍，生于海拔 420~2200 米间的山地灌丛或林下。

可植于林缘、坡地和山谷溪畔等地。

中国旌节花果枝

中国旌节花花枝

Staphylea holocarpa 膀胱果 【省沽油科 Staphyleaceae，(3)：215】

膀胱果花枝

灌木或小乔木，高 3~5 米。小枝深绿色。小叶 3；顶生小叶椭圆形至长圆形。圆锥花序下垂，着生于上年生枝的叶腋，长 3~10 厘米；花白色或粉红色。蒴果梨形或椭圆形。花期 4~5 月，果期 8~9 月。

产秦巴山区，较普遍，生于海拔 700~2400 米间的山地灌丛或杂木林中。

适宜在林下种植。

膀胱果果枝

Symplocos paniculata 白檀 【山矾科 Symplocaceae，(4)：61】

白檀花枝

落叶灌木或小乔木，高1.5~5米。树皮灰褐色，嫩枝灰白色。叶纸质，椭圆形或倒卵形。圆锥花序生于新枝先端；花白色，稍芳香。核果蓝黑色。花期5月，果期7~8月。

产秦巴山区，很普遍，生于海拔600~1900米间的山地灌丛或疏林中。

树形优美，枝叶秀丽，是良好的园林绿化树种。

白檀果枝

Syringa komarowii 西蜀丁香

【木犀科 Oleaceae，B：276；*S.wolfii* 辽东丁香，(4)：77】

西蜀丁香果枝

西蜀丁香花枝

直立灌木，高 1.5~6 米。树皮灰色，有沟；小枝灰褐色，有明显的皮孔。叶对生，长圆形、卵状长圆形至倒卵状长圆形。圆锥花序顶生，大而疏松，长 13~30 厘米；花紫红色至粉红色，芳香。蒴果圆柱形。花期 5~6 月，果期 8~9 月。

产周至、眉县、宝鸡、凤县、太白、洋县、佛坪、宁陕、平利、镇安，生于海拔 1000~2500 米间的山地灌丛或林中。

花朵芳香，可作花灌木应用于园林中。

Tetrapanax papyrifer 通脱木

【五加科 Araliaceae，(3)：361】

落叶灌木或小乔木，高可达 6 米。叶大，卵圆形，通常集生于茎上部，掌状分裂，叶柄粗，基部呈鞘状而抱茎。伞形花序球状，排列成大型圆锥花丛，花黄白色，花瓣 4~5。果实球形，黑色。花期 9~10 月，果期 11 月。

产山阳、紫阳、岚皋、平利、镇坪、洋县、勉县、宁强、南郑，生于海拔 410~1350 米的山坡疏林或河岸。

叶大型，花繁密，观赏性好，果序大，形态较为奇特。可在草坪或林缘丛植。

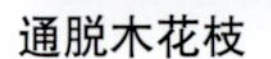

通脱木花枝

通脱木植株

Vaccinium henryi 无梗越橘 【杜鹃花科 Ericaceae，(4)：26】

无梗越橘成熟果实

落叶灌木，高1~4米。幼枝密被淡黄色短柔毛；老枝暗棕红色，有黄色皮孔。叶卵状长圆形、椭圆状长圆形或披针状长圆形，纸质。花单生于叶腋或有时在小枝先端形成总状花序，花冠钟状，绿色。浆果暗红色或蓝黑色，球形。花期5~6月，果期7~8月。

产凤县、略阳、宁强、南郑、洋县、镇巴、安康、平利、镇坪，生于海拔600~1900米间的山地灌丛中。

适应性强，郊野公园绿化树种。

无梗越橘幼果枝

Viburnum betulifolium 桦叶荚蒾 【忍冬科 Carprifoliaceae，(5) : 47】

桦叶荚蒾花枝

桦叶荚蒾花序

桦叶荚蒾幼果枝

桦叶荚蒾植株

落叶灌木或小乔木，高3~7米；小枝紫色或黑褐色，散生圆形凸起的浅色小皮孔。叶厚纸质或略革质，叶片宽卵形、菱状卵形或宽倒卵形。复伞形花序，顶生或侧生于具1对叶的短枝上，直径5~12厘米，花冠白色。果实近球形，红色。花期6~7月，果期9~10月。

产秦巴山区，很普遍，生于海拔500~2200米间的山地疏林或灌丛中。

枝叶稠密，可栽于疏林下或林缘。

Viburnum glomeratum 丛花荚蒾 【忍冬科 Carprifoliaceae，(5)：37】

丛花荚蒾花枝

落叶灌木或小乔木，高3~6米。叶纸质，叶片卵状椭圆形、卵形或卵圆形。复伞形花序，直径3~6厘米。核果椭圆形，先红色，成熟后黑色。花期4~5月，果期6~8月。

产秦巴山区，生于海拔1200~2900米间的山地林下或灌丛中。

可栽于疏林下或林缘。

丛花荚蒾果枝

Viburnum opulus subsp. *calvescens* 鸡树条荚蒾

（天目琼花）【忍冬科 Carprifoliaceae，*V.sargentii* var.*calvescens* 少毛鸡树条荚蒾，(5)：51】

落叶灌木，高 1~3 米；当年生枝具明显凸起的皮孔，2 年生枝淡黄色或红褐色，老枝暗灰色；树皮厚，木栓质。叶柄粗壮，先端具 2~4 个明显的长盘状腺体；叶片轮廓卵圆形、卵形或倒卵形，通常 3 裂。复伞形花序，直径 8~10 厘米，花多数，具大型不孕花；花冠白色，不孕花白色。果实近球形，红色。花期 5~6 月，果期 7~9 月。

产华阴、渭南、宝鸡、凤县、太白、佛坪、汉中、镇巴、柞水、镇安、商州、丹凤，生于海拔 1300~2500 米间的山地疏林中。

花大密集，优美壮观，可作观赏绿化树种。

鸡树条荚蒾花枝

鸡树条荚蒾果枝

鸡树条荚蒾成熟果实

Viburnum schensianum 陕西荚蒾 【忍冬科 Carprifoliaceae，(5)：37】

陕西荚蒾果枝

落叶灌木，高 1~3 米；2 年生小枝微四棱形，灰褐色，散生圆形小皮孔。叶纸质，叶片卵状椭圆形、宽卵形或近圆形。聚伞花序，直径 4~8 厘米，花冠白色。果实长椭圆形，先红色，成熟后黑色。花期 5~6 月，果期 7~9 月。

产秦巴山区，很普遍，生于海拔 450~2000 米间的山地林下或灌丛中。

可栽于疏林下或林缘。

陕西荚蒾花枝

第 6 章　藤本植物

Aconitum sungpanense 松潘乌头 【毛茛科 Ranunculaceae，(2)：258】

松潘乌头叶片

多年生草质藤本。茎缠绕，长达 2.5 米。叶轮廓五角形，3 全裂。总状花序生少数花朵；花长约 4 厘米，淡蓝紫色、浅红色或白色。蓇葖果，具喙。花期 8~9 月，果期 9~10 月。

产秦巴山区，生于海拔 1100~2300 米间的山地疏林下、灌丛或草坡。

可栽于山坡灌丛下。

松潘乌头花序（紫花类型）

松潘乌头花序（白花类型）

松潘乌头花序（蓝花类型）

Actinidia arguta 软枣猕猴桃 【猕猴桃科 Actinidiaceae，(3)：294】

落叶木质藤本。1 年生枝灰色或灰褐色；髓片层状，白色至淡褐色。叶椭圆状卵形至宽卵形或近长圆形。花白色，3~6 朵组成腋生聚伞花序。浆果椭圆形或长圆形，黄绿色。花期 6~7 月，果期 9 月。

产长安、眉县、宝鸡、洋县、平利、岚皋、镇坪、商南，生于海拔 500~2230 米间的山地灌丛或疏林中。

栽于山沟溪流旁，多攀缘在阔叶树上。

软枣猕猴桃花枝

软枣猕猴桃果枝

Actinidia callosa var. *henryi* 京梨猕猴桃 【猕猴桃科 Actinidiaceae，(3)：297】

落叶木质藤本。小枝具皮孔；髓部褐色，片层状。叶纸质，长圆状披针形至卵圆形。花序柄光滑，花白色，富香气。浆果长圆状卵圆形，赤褐色。花期 5~6 月，果期 9~10 月。

产石泉、平利、岚皋、镇坪、镇巴、南郑，生于海拔 550~1700 米间的山地灌丛中。

栽于山沟溪流旁，多攀缘在阔叶树上。

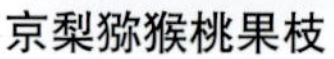

京梨猕猴桃果枝

京梨猕猴桃果实

Actinidia chinensis 猕猴桃 【猕猴桃科 Actinidiaceae，（3）：293】

落叶木质藤本，长达8米。枝红褐色，有皮孔，幼枝被柔软的茸毛；髓大，片层状，淡黄色或淡白色。叶纸质，营养枝上叶宽卵圆形至椭圆形，花枝上叶近圆形。花两性，单生，或数朵聚生于叶腋，乳白色，后变橘黄色，芳香。浆果近球形至椭圆形，密被柔软的茸毛或刺毛。花期6~7月，果期8~9月。

秦巴山区普遍产，生于海拔700~1800米间的山地灌丛或疏林中。

适用于花架、护栏、墙垣等垂直绿化。

中华猕猴桃果枝

中华猕猴桃果枝

中华猕猴桃花枝

中华猕猴桃花朵

Actinidia polygama 葛枣猕猴桃

（木天蓼）【猕猴桃科 Actinidiaceae，（3）：295】

落叶木质藤本，长达5米。枝条淡黄褐色；髓大，实心，白色。叶上半部或全部变为白色或淡黄色，或上半部杂色而具白色或灰黄色斑点，宽卵圆形至卵状椭圆形。雄株为腋生聚伞花序，通常具花2~3朵；花白色，芳香；雌花单生于叶腋。浆果长圆形或卵球形，黄色，熟时樱桃红色。花期6月，果期9~10月。

产户县、周至、眉县、凤县、佛坪、留坝、洋县、南郑、宁强、柞水、宁陕、岚皋、平利、镇坪，分布于海拔650~2000米间的山地灌丛或疏林中。

可栽于河边灌丛中，也用于疏林中。

葛枣猕猴桃花枝

葛枣猕猴桃雄花

葛枣猕猴桃雌花

葛枣猕猴桃幼果

Actinidia tetramera 四蕊猕猴桃 【猕猴桃科 Actinidiaceae，(3)：295】

落叶木质藤本，长达 13 米。枝淡灰色或红褐色，有皮孔；髓小，褐色，片层状。叶纸质，有时具白色或淡红色彩斑，狭长圆状卵形。花杂性，2~3 朵簇生或单生，白色或蔷薇红色，芳香。浆果长卵球形，金黄色，成熟后褐色。花期 6 月，果期 8 月。

产华阴、华县、户县、周至、眉县、宝鸡、陇县、太白、凤县、佛坪、汉中、略阳、宁陕、岚皋、平利、镇坪、镇安、山阳，生于海拔 550~2460 米间的山地灌丛或疏林中。

一般栽于山地丛林近水处。

四蕊猕猴桃花枝

四蕊猕猴桃花朵

四蕊猕猴桃果枝

四蕊猕猴桃果实

Akebia trifoliata 三叶木通

（八月炸）【木通科 Lardizabalaceae，（2）：302】

落叶木质藤本。小枝有稀疏皮孔。掌状复叶，小叶3片，卵形或宽卵形。花序由短枝的叶丛中抽出；雌花1~3朵，花被片暗紫色；雄花多数，花被片淡紫色。果实椭圆体状，灰白色，微带淡紫色。花期5月，果期8~9月。

产秦巴山区，较常见，生于海拔550~2200米间的山地灌丛或杂木林中。

适应性强，园林中常配植于花架、门廊或攀扶在格栅之上。

三叶木通花枝

三叶木通雌花

三叶木通果枝

三叶木通成熟果实

Ampelopsis aconitifolia 乌头叶蛇葡萄 【葡萄科 Vitaceae，(3) : 270】

落叶木质藤本。小枝无毛。掌状复叶；小叶 3~5，披针形或菱状披针形，或者叶 3~5 掌状全裂，裂片菱形或宽卵形。聚伞花序与叶对生；花小，黄绿色。浆果球形，橙黄色或橙红色。花期 6~7 月，果期 7~8 月。

产秦巴山区，生于海拔 600~1350 米间的山地灌丛中。

多用于篱垣、林缘地带，还可作棚架绿化。

乌头叶蛇葡萄果实

乌头叶蛇葡萄果枝

Ampelopsis bodinieri 蛇葡萄 【葡萄科 Vitaceae，(3) : 268】

落叶木质藤本。枝条粗壮，幼枝具灰色柔毛或近无毛。叶硬纸质，三角形或三角状宽卵形。聚伞花序与叶对生；花小，黄绿色。浆果近球形，蓝紫色。花期 5~6 月，果期 7~8 月。

产秦巴山区，很普遍，生于海拔 400~1600 米间的山地灌丛或疏林中。

果实小巧可爱，具一定观赏性。

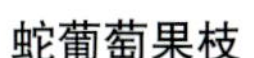

蛇葡萄果枝

蛇葡萄花枝

Ampelopsis delavayana 三裂蛇葡萄 【葡萄科 Vitaceae，(3)：269】

落叶木质藤本。枝红褐色，幼时被红褐色短柔毛或近无毛。叶掌状 3 全裂。聚伞花序与叶对生；花小，淡绿色。浆果球形或扁球形，暗蓝紫色。花期 6~7 月，果期 7~8 月。

产秦巴山区，很普遍，生于海拔 840~2150 米间的山地灌丛或疏林中。

果实小巧可爱，具一定观赏性。

三裂蛇葡萄果实

三裂蛇葡萄果枝

Apios carnea 肉色土圞儿 【豆科 Fabaceae，(a)：186】

肉色土圞儿花序

草质藤本，长 3~4 米。茎细长，具条纹。奇数羽状复叶；小叶 5，长椭圆形。总状花序腋生，花冠淡红色。荚果线形。花期 7~9 月，果期 8~11 月。

产西乡、南郑，生于海拔 1000 米左右的山谷灌丛中。

花朵形态美丽且奇特。

肉色土圞儿植株

Aristolochia heterophylla 汉中防己

（异叶马兜铃）【马兜铃科 Aristolochiaceae，（2）：128】

落叶木质藤本，长 2~3 米。茎多分枝。叶卵圆形或卵状心形，常 3 裂。花单生叶腋；花被管烟斗状，黄色。蒴果长圆状圆柱形。花期 5~6 月，果期 7~8 月。

产秦岭南坡及巴山，生于海拔 1000~2000 米间的山坡灌丛或林缘。

枝条细长，花朵形态奇特，饶有趣味。

汉中防己花朵

汉中防己花枝

Aristolochia mollissima 寻骨风

【马兜铃科 Aristolochiaceae，（2）：129】

落叶木质藤本，密被白色柔毛。茎具纵条纹。叶卵圆状心形，表面绿色，背面灰白色。花单生叶腋，花梗中部以下具叶状小苞片；花被管弯曲呈烟斗状，外部全被白色长柔毛，内侧黄色，缘部裂片呈褐紫色。蒴果倒卵圆状。花期 6~7 月，果期 9~10 月。

仅见于勉县、丹凤，生于海拔 600~1500 米间的山坡草丛中。

花朵形态奇特，饶有趣味。

寻骨风花朵

寻骨风植株

Bauhinia glauca subsp. *glauca* 粉叶羊蹄甲 【豆科 Fabaceae，B：184】

藤本。小枝疏被红褐色柔毛；卷须 1，或 2 个对生。叶近肾形。伞房花序具多花，花冠粉红色；花瓣 5，匙形。荚果带形。花期 5~6 月，果期 7~8 月。

产紫阳、安康、岚皋、西乡，生于海拔 700 米左右的山坡灌丛或林内。

花朵美丽大方，具园林观赏性。

粉叶羊蹄甲花朵

粉叶羊蹄甲花枝

Berchemia sinica 勾儿茶 【鼠李科 Rhamnaceae，(3)：252】

攀缘灌木，高 2~6 米。枝黄褐色。叶纸质，卵形、卵圆形或长圆形。窄圆锥花序顶生，花黄绿色。核果圆柱形，黑红色。花期 6~7 月，果期翌年 8~9 月。

产秦巴山区，生于海拔 520~2200 米间的山地灌丛或疏林中。

夏秋观赏红果，饶有趣味。

勾儿茶花枝

勾儿茶果枝

Biondia chinensis 秦岭藤 【萝藦科 Asclepiadaceae，(4)：150】

多年生草质藤本。茎缠绕，纤细。叶纸质，披针形至线状披针形。伞形聚伞花序腋生，花冠钟状，裂片卵圆形，副花冠着生于合蕊冠基部。蓇葖果仅1个能育，种毛白色绢质。花期4月，果期10月。

产户县、眉县、洋县、略阳、柞水，生于山地林下。

叶形秀丽，可作垂直绿化。

秦岭藤果枝

秦岭藤花枝

Celastrus angulatus 苦皮藤 【卫矛科 Celastraceae，(3)：211】

落叶木质藤本，长5~10米。小枝常有4~6角棱，皮孔明显。叶大，宽卵形、椭圆状长圆形或近圆形。聚伞状圆锥花序顶生，花淡绿白色，5数，雌雄异株。蒴果黄色，近球形。种子外被橘红色假种皮。花期6月，果期8~10月。

产秦巴山区，很普遍，生于海拔340~1800米间的山地灌丛中。

植株攀缘时蜿蜒曲折。

苦皮藤花枝

苦皮藤果枝

Celastrus hypoleucus 粉背南蛇藤 【卫矛科 Celastraceae，(3)：212】

落叶木质藤本，长3~5米。小枝幼时被白粉。叶椭圆形至长圆状椭圆形，上面绿色，下面被白粉。聚伞圆锥花序腋生与顶生同时存在，顶生者复集成长总状圆锥花序，花淡黄绿色，5数，雌雄异株。果序顶生，蒴果近球形，橘黄色；种子黑棕色，被橙红色假种皮。花期5~6月，果期9~10月。

产华阴、户县、眉县、太白、宝鸡、凤县、略阳、洋县、岚皋、平利、镇坪、商州，生于海拔1200~3200米间的山地灌丛中。

植株攀缘时蜿蜒曲折。

粉背南蛇藤花枝

粉背南蛇藤果枝

Celastrus orbiculatus 南蛇藤 【卫矛科 Celastraceae，(3)：214】

落叶木质藤本，长10~12米。枝红褐色，具皮孔。叶倒卵形、长圆状倒卵形或近圆形。聚伞花序通常有3花，聚伞圆锥花序在雌株上通常仅为腋生，在雄株上除腋生外同时具顶生；花黄绿色，雌雄异株。蒴果近球形，鲜黄色；种子褐红色，被橙红色假种皮。花期5月，果期9月。

产秦巴山区，生于海拔780~2500米间的山地灌丛或杂木林中。

属大型藤本植物，以周边植物或山体岩石为攀缘对象，远望形似一条莽蛇在林间、岩石上爬行，蜿蜒曲折，野趣横生。

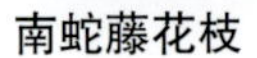

南蛇藤花枝

南蛇藤果枝

Clematis lasiandra 毛蕊铁线莲

【毛茛科 Ranunculaceae，(2)：288】

落叶木质藤本。枝暗紫色或黄色，具明显的纵条纹；枝基部无鳞片。羽状三出复叶，长达 15 厘米，叶柄卷曲；小叶 3~15 片，纸质，卵形、卵状披针形或狭长圆形。花单生或由 3~8 朵花组成腋生聚伞花序，花白色或淡紫红色，钟状，俯垂。瘦果狭卵形，黄褐色，密被伸展的硬毛。花期 8~9 月，果期 10~11 月。

产秦巴山区，较普遍，生于海拔 400~2550 米间的荒坡、灌丛或林缘。

布置于墙垣、棚架、阳台、门廊等处，显得优雅别致。

毛蕊铁线莲花朵

毛蕊铁线莲花枝

Clematis potaninii 美花铁线莲

【毛茛科 Ranunculaceae，(2)：296】

落叶木质藤本。枝条具深纵条纹，老枝皮呈纤维状剥落；幼枝密被短毛。二回羽状复叶，长达 30 厘米；小叶 9~11 片，卵圆形，通常 3 浅裂。聚伞花序腋生，常具花 3 朵，花白色，直径 3.5~5 厘米。瘦果倒卵圆形。花期 6~7 月，果期 8~9 月。

产太白山、化龙山及华县、户县、凤县、宁陕、商南，生于海拔 1200~3000 米间的山地林下或灌丛。

该植物有良好的攀缘依附特性，适宜用于垂直绿化。

美花铁线莲果枝

美花铁线莲花枝

Clematoclethra scandens subsp. *hemsleyi* 繁花藤山柳

【猕猴桃科 Actinidiaceae，B：128；*C.hemsleyi*，(3)：299】

落叶木质藤本。枝条直伸，黑褐色，具皮孔。叶卵圆形、卵状披针形或长圆形，上面暗绿色，下面淡绿色。花白色，常 6~12 朵组成聚伞状花序。果实球形，黑色，具五角。花期 6 月，果期 7~8 月。

产宁陕、旬阳、佛坪、洋县、略阳，生于海拔 1450~1800 米间的山地杂木林中。

宜植于庭园，作棚架或篱垣绿化。

繁花藤山柳幼果枝

繁花藤山柳花枝

Clematoclethra scandens subsp. *scandens* 藤山柳

【猕猴桃科 Actinidiaceae，B：128；*C.lasioclada*，(3)：298】

落叶木质藤本，长 6~7 米。枝灰褐色或黄褐色，有皮孔；髓淡褐色。叶长圆形、卵圆形或椭圆形。2~7 花组成聚伞花序，花白色。果实球形，黑色。花期 7 月，果期 8~9 月。

产太白山、佛坪、留坝、略阳，生于海拔 1350~2430 米间的山地杂木林中。

宜植于庭园，作棚架或篱垣绿化。

藤山柳花枝

藤山柳果枝

Cocculus orbiculatus 木防己 （青藤）【防己科 Menispermaceae，B：123】

落叶木质藤本。小枝密被灰白色细柔毛。叶宽卵形或有时具3浅裂。花黄白色，狭圆锥花序腋生或顶生。果实近球形，蓝黑色。花期7~8月，果期9~10月。

产秦巴山区，较常见，生于海拔600~1800米间的山地灌丛或疏林中。

果实小巧可爱，具一定观赏性。

木防己果实

木防己果枝

Decumaria sinensis 赤壁木 （罩壁木）【虎耳草科 Saxifragaceae，(2)：456；B：174】

半常绿木质藤本；枝平卧仰生，常生气根，小枝绵软，老枝皮暗黑灰色。叶淡绿色，倒披针形至椭圆形。花序顶生，伞房状，具多数花；花淡白色微带绿色。蒴果陀螺形。花期4月下旬至6月，果期9~11月。

产太白山及商南、山阳、宁陕、紫阳、安康、旬阳、平利、岚皋、镇坪、洋县、西乡、勉县、略阳、南郑，生于海拔450~1500米间的山地林下岩石上。

枝叶扶疏，花朵淡雅。

赤壁木花枝

赤壁木植株

Dinetus racemosa 飞蛾藤 【旋花科 Convolvulaceae，B：289；(4)：172】

多年生草质藤本。茎缠绕，长达数米。叶片卵形或宽卵形。花序圆锥状，多花；花冠漏斗形，白色。蒴果长椭圆状卵形。花期8~10月，果期9~11月。

产镇安、宁陕、安康、岚皋、镇巴、勉县、留坝、略阳，生于海拔350~1240米间的山地灌丛中。

可作篱垣或垂直绿化。

飞蛾藤花期植株

飞蛾藤果实

Dioscorea nipponica 穿龙薯蓣 【薯蓣科 Dioscoreaceae，(1)：381】

缠绕草本。茎圆柱形，具沟纹。叶互生，广卵形或卵状三角形，具3~5个浅裂片或近全缘。雄花序穗状，生于叶腋；雌花序通常单生于叶腋，下垂。蒴果宽卵形至长圆形。花期7~8月，果期9月。

产秦巴山区，很普遍，生于海拔700~2100米间的山地灌丛或林下。

可作栅栏或垂直绿化用。

穿龙薯蓣果枝

穿龙薯蓣花枝

Dregea sinensis var. *corrugata* 贯筋绳

（贯筋藤）【萝藦科 Asclepiadaceae，(4)：156】

落叶木质藤本。茎具皮孔，幼枝被黄褐色茸毛。叶纸质，卵状心形或近圆形。伞形聚伞花序腋生；花冠内面紫红色，外面白色。蓇葖果狭披针形，种毛白色绢质。花期3~5月，果期7~12月。

产山阳、紫阳、岚皋、平利、镇坪、镇巴、城固、略阳、宁强，生于海拔510~1360米间的山地灌丛或疏林中。

可作垂直绿化用。

贯筋绳果实

贯筋绳果枝

Duchesnea indica 蛇莓

【蔷薇科 Rosaceae，(2)：546】

草质藤本。茎匍匐，纤细，长30~100厘米，节上常生不定根。掌状三出复叶，基生叶多数，具长柄，茎生叶具短柄；小叶无柄或有短柄，菱状卵形或倒卵形。花单生于茎生叶的腋部，花瓣黄色。聚合果球形或长椭圆形，红色。花期4月，果期5~6月。

产秦巴山区，很普遍，生于海拔340~2000米间的草地、田埂、路旁、河滩。

植株低矮，枝叶茂密，是优良的地被植物，春季赏花、夏季观果。

蛇莓花期植株

蛇莓果期植株

Euonymus fortunei 扶芳藤 【卫矛科 Celastraceae，(3)：205】

常绿匍匐或攀缘藤本。枝上通常有多数细根；小枝绿色，有细密瘤状皮孔。叶薄革质，宽椭圆形至长圆状倒卵形。聚伞花序腋生，花绿白色，4数。蒴果近球形，淡红色，种子外被橘红色假种皮。花期6~7月，果期10月。

产秦巴山区，较常见，生于海拔340~2150米间的山地灌丛或疏林中。

是园林中常见的地面覆盖植物，适宜点缀在墙角、山石等处。

扶芳藤成熟果实

扶芳藤幼果枝

Euonymus venosus 曲脉卫矛 【卫矛科 Celastraceae，(3)：205】

常绿木质藤本。小枝黄绿色。叶革质，窄椭圆形至椭圆状披针形，叶脉曲折网状。聚伞花序腋生，有花3~15，花淡绿色，4数。蒴果扁球形，种子外被橘红色假种皮。花期5~6月，果期10月。

产山阳、镇安、柞水、宁陕、平利、镇坪、眉县、太白、凤县、留坝、略阳、南郑、城固、洋县，生于海拔800~1940米间的山地灌丛或杂木林中。

可用作地被。

曲脉卫矛果枝（叶正面）

曲脉卫矛果枝（叶背面）

Fallopia aubertii 木藤首乌 【蓼科 Polygonaceae，B：92】

落叶草质或半木质藤本，长达数米。叶常簇生或互生，长圆状卵形或卵形。花序圆锥状，顶生，大型；花被白色，5深裂。果实卵状三棱形，黑褐色。花期6~7月，果期9~10月。

产秦巴山区，生于海拔400~1400米间的山地灌丛或水边。

可用作地被。

木藤首乌花枝

木藤首乌群落

Hedera nepalensis var. *sinensis* 常春藤 【五加科 Araliaceae，(3)：359】

常绿木质藤本，长达20米。茎具气根，幼枝具锈色鳞片状毛。单叶，革质，不育枝上的叶通常三角状长圆形或三角状卵形，花枝和果枝上的叶椭圆状卵形至椭圆状披针形或呈菱形。伞形花序有花10~20，单生或2~5个总状排列成短圆锥花序；花瓣黄绿色，三角状卵形。果实越年成熟，橙黄色或红色。花期8~9月，果期次年5~6月。

产秦巴山区，很普遍，生于海拔500~1750米间的山地林下及沟岸，常攀缘在大树或岩石上。

在庭院中可用以攀缘假山、岩石，或在建筑阴面作垂直绿化材料。

常春藤花枝

常春藤果枝

Holboellia grandiflora 大花牛姆瓜

【木通科 Lardizabalaceae，(2)：306】

常绿木质藤本。枝具纵条纹，灰绿色，被白粉。掌状复叶，小叶 3~7 片，倒卵状长圆形至长椭圆形。伞房花序；雄花被片肉质，白色；雌花外轮花被片长圆形，内轮花被片卵状披针形。果实长圆状柱形，紫色。花期 4~6 月，果期 8~9 月。

产户县、周至、宁陕、佛坪、南郑、平利、镇坪，生于海拔 700~1920 米间的山地灌丛。

可用作地被。

大花牛姆瓜花枝

大花牛姆瓜果枝

Humulus lupulus var. *cordifolia* 华忽布花

【桑科 Moraceae，(2)：99】

多年生草质藤本，长达 5 米。茎具小钩刺，密被卷曲柔毛。叶卵形，不裂或 3~5 裂，叶柄有钩刺。雄花序圆锥状，雌花穗卵圆形或椭圆体状。果穗长椭圆体状。花期 8 月，果期 9~10 月。

产秦岭山地，生于海拔 1000~2000 米间的山地林缘或灌丛。

观花观果藤本。

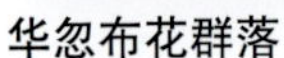

华忽布花群落

华忽布花果穗

Jasminum lanceolarium 光清香藤 【木犀科 Oleaceae，(4)：95】

常绿木质藤本，长达3米。幼枝圆柱形。叶对生，小叶3片，革质，叶形变化很大，宽披针形、椭圆形、卵圆形或长圆形。复聚伞花序，多分枝；花冠白色，芳香。浆果球形或球状椭圆形。花期6~10月，果期9月至翌年4月。

产紫阳、安康、平利、岚皋、镇坪、西乡、城固，生于海拔220~1300米间的山地灌丛中。

庭园观赏植物。

光清香藤花枝

光清香藤果枝

Lonicera acuminata 巴东忍冬 （淡红忍冬）【忍冬科 Caprifoliaceae，(5)：47】

落叶或半常绿木质藤本；幼枝红褐色，老枝茎皮呈条状剥落。叶薄革质或革质，叶片长圆形、长圆状披针形或卵状长圆形。花冠黄白色而略带红色，漏斗状。果实卵球形。花期6~7月，果期8~11月。

产秦巴山区，生于海拔630~2150米间的山地灌丛或林下。

适合于在林下、林缘、建筑北侧等作地被栽培，还可以作矮墙绿化。

巴东忍冬成熟果

巴东忍冬幼果枝

Lonicera tragophylla 盘叶忍冬

【忍冬科 Caprifoliaceae，(5)：76】

落叶木质藤本；幼枝无毛。叶纸质，叶片长圆形或卵状长圆形。由 3 花组成聚伞花序，密集成头状，生于小枝先端，花冠黄色或橙黄色，上部外面略带红色。果实近球形，黄色、红黄色或深红色。花期 5~6 月，果期 7~10 月。

产秦巴山区，生于海拔 600~2150 米间的山地灌丛或林下。

俗称“金盘献佛手”，每当花季，一簇簇鲜黄色的花朵布满整个植株，体现了独特的观赏价值。

盘叶忍冬花序

盘叶忍冬花蕾

Lysimachia christinae 过路黄

【报春花科 Primulaceae，(4)：48】

多年生草质藤本。茎平卧匍匐生，长 20~60 厘米，节上通常生根。叶对生，宽卵形或心形。花成对腋生；花冠黄色，长为花萼的 2 倍。蒴果球形。花期 5~7 月，果期 7~10 月。

产秦巴山区，生于海拔 570~2200 米间的山坡草地、水沟旁或路边。

茎柔弱，花小巧，可用于郊野公园绿化。

过路黄植株

过路黄花朵

Lysionotus pauciflorus 吊石苣苔 【苦苣苔科 Gesneriaceae，(4)：375】

木质藤本，高 5~30 厘米。叶在枝端者密集，下部者三叶轮生，叶片革质，通常倒卵状椭圆形或线形。聚伞花序具花 1~3 朵，花冠白色，常带紫色。蒴果。花期 6~8 月，果期 8~11 月。

产柞水、旬阳、安康、平利、岚皋、镇坪、镇巴、西乡、佛坪、洋县、南郑、留坝、略阳、宁强、凤县，生于海拔 600~1750 米间的山地林下岩石上。

花小巧，可用于郊野公园绿化。

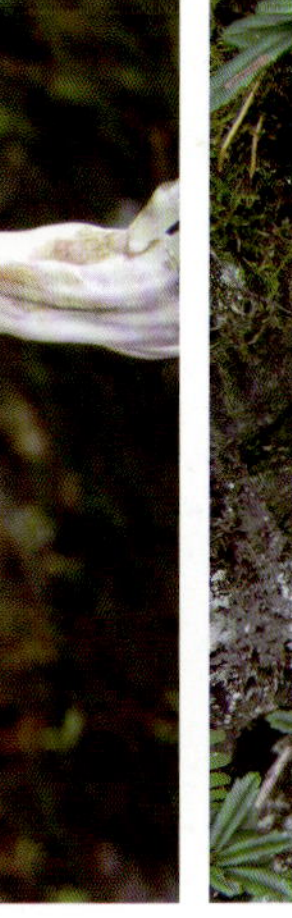

吊石苣苔花枝

吊石苣苔果期植株

Polygonum perfoliatum 杠板归 【蓼科 Polygonaceae，(2)：159】

草质藤本，长 1~2 米。茎四棱形，沿棱具倒生钩刺。叶片正三角形；托叶鞘叶状，穿茎。花序短穗状，具多数花朵；花被白色或粉红色。果实球形，黑色，包于蓝色、稍肉质的花被内。花期 6~8 月，果期 8~9 月。

产秦岭南坡及巴山，生于海拔 400~1300 米间的山沟路旁或河岸。

果实具一定观赏性。

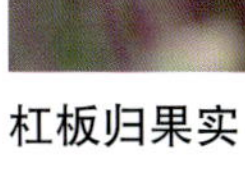

杠板归果实

杠板归植株

Potentilla reptans var. *sericophylla* 绢毛细蔓委陵菜 【蔷薇科 Rosaceae，(2)：549】

草质藤本；根为须根，常具纺锤状块根。茎匍匐丛生，长 30~100 厘米；节间较长，节上有时生不定根。基生叶具长柄，具小叶 3~5 片，常呈鸟足状；小叶无柄或近于无柄，倒卵形或菱状倒卵形；茎生叶具短柄，有小叶 3 或 5 片。花单生，花瓣黄色，倒心形，基部具短爪。瘦果长圆状卵形。花期 4~6 月，果期 6~8 月。

产秦巴山区，生于海拔 340~1650 米间的河滩、草地或疏林下。

可用作林下地被。

绢毛细蔓委陵菜花朵

绢毛细蔓委陵菜群落

Pseudostellaria davidii 蔓孩儿参 【石竹科 Caryophyllaceae，(2)：198】

蔓生草本，长 60~80 厘米。块根纺锤形，具须根。叶卵圆形。普通花单生枝端，具长花梗；花瓣 5，白色；闭锁花 1~2 朵，生于叶腋。蒴果卵圆形。花期 5~7 月，果期 7~8 月。

产蓝田、眉县、宁陕、佛坪、太白、凤县、平利、岚皋，生于海拔 1000~3200 米间的山地林下潮湿处。

用作溪旁或林缘地被。

蔓孩儿参花朵

蔓孩儿参植株

Pteroxygonum giraldii 红药子 （翼蓼）【蓼科 Polygonaceae，B：96】

蔓性草本，长达2米以上；块根粗壮，近圆形，直径可达15厘米。茎圆形，中空，常铺散。叶常2~4个簇生；叶片三角形或三角状卵形。花序总状，腋生，花被绿白色或淡绿色。果实紫黑色，下垂，三棱形。花期6~8月，果期8~9月。

产秦巴山区，较普遍，生于海拔700~1700米间的灌丛、河滩或荒坡。

用于河边、山谷石滩的绿化。

红药子果实

红药子植株

Rhynchosia dielsii 菱叶鹿藿 【豆科 Fabaceae，（3）：109】

多年生缠绕草本。小叶3；侧生小叶偏卵形，顶生小叶卵形、卵圆形或几菱状卵形。总状花序长7~12厘米，花后延伸。荚果红紫色，宽椭圆形、卵圆形、倒卵形或短长圆形。花期6~8月，果期7~10月。

产眉县、宁陕、旬阳、平利、镇坪、镇巴、西乡、南郑、勉县、略阳；生于海拔510~1600米间的山地灌丛中。

适合于在山坡、路旁灌丛下作地被栽培。

菱叶鹿藿果实

菱叶鹿藿果枝

Rubus lasiostylus 绵果悬钩子 【蔷薇科 Rosaceae，(2)：535】

落叶木质攀缘状藤本或灌木，高达2米。枝红褐色；刺针状。羽状复叶具小叶3片，稀为5片，小叶片卵形至宽卵形，与叶轴均有细刺。伞房花序具花2~6朵，着生枝端，常下垂；花瓣红色，近圆形。聚合果近球形，红色。花期6月，果期8月。

产渭南、户县、宁陕、平利、岚皋、眉县、太白、佛坪、镇巴，生于海拔720~2150米间的山地灌丛或杂木林下。

可用作地被。

绵果悬钩子果实

绵果悬钩子果枝

Rubus mesogaeus 喜阴悬钩子 【蔷薇科 Rosaceae，(2)：536】

落叶攀缘藤本或灌木，长3~5米；小枝红褐色或灰褐色，幼时密被茸毛和稀疏针状刺。羽状复叶具小叶3片。伞房花序顶生和腋生，具数花至多数花朵，花瓣白色，倒卵形。聚合果小，扁球形，黑色。花期4~5月，果期7月。

产秦巴山区，较普遍，生于海拔800~2300米间的山坡、山谷灌丛或疏林下。

可用作地被。

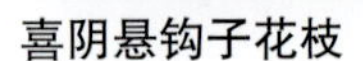

喜阴悬钩子花枝

喜阴悬钩子果枝

Rubus pileatus 菰帽悬钩子 【蔷薇科 Rosaceae，(2)：534】

落叶木质蔓状藤本或灌木。小枝紫红色。羽状复叶具小叶5~7片，小叶片卵形至椭圆形。伞房花序顶生，具花3~5朵；花瓣白色，倒卵形，基部具短爪。聚合果近球形，红色。花期6~7月，果期8~9月。

产渭南、户县、眉县、宝鸡、太白、洛南、宁陕，生于海拔1200~2450米间的山地疏林中。

用作疏林下地被。

菰帽悬钩子果实

菰帽悬钩子果枝

Sabia campanulata subsp. *ritchieae* 鄂西清风藤 【清风藤科 Sabiaceae，B：213】

落叶木质藤本，长达2~3米。小枝淡黄绿色，具条纹。叶互生，椭圆状卵形或披针形。花先叶开放，暗紫色，单生，下垂。核果蓝绿色，扁圆形。花期4月，果期8~9月。

产华阴、户县、眉县、太白、留坝、佛坪、洋县、镇巴、南郑、宁陕、岚皋、平利、镇坪、柞水、山阳，生于海拔900~2300米间的山地灌丛或疏林中。

用作疏林下地被。

鄂西清风藤果实

鄂西清风藤果枝

Schisandra lancifolia 狭叶五味子

【木兰科 Magnoliaceae（或五味子科 Schisandraceae），B：102】

落叶藤本；小枝具棱角和灰色皮孔。叶披针形。花单性同株，单生于叶腋，下垂，橙黄色或带红色，直径约 1.5 厘米。聚合果穗状，长圆柱形，下垂，深红色，集生多数由单心皮发育的球状浆果。花期 5~6 月，果期 8~9 月。

产洋县、岚皋、宁陕，生于海拔 700~1900 米间的山地灌丛。

用作林下地被。

狭叶五味子成熟果实

狭叶五味子幼果枝

Schisandra propinqua var. *sinensis* 小血藤

（铁箍散）【木兰科 Magnoliaceae，（2）：342】

半常绿缠绕藤本，长 2~3 米。叶长圆状披针形或卵状披针形，近革质。花黄色或橙黄色，单生或簇生于叶腋，花被片通常 9，排成 3 轮。聚合果穗状，鲜红色，下垂。花期 6 月，果期 8~10 月。

产秦岭南坡及巴山，生于海拔 650~1750 米间的山地灌丛。

用作林下地被。

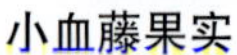

小血藤果实

小血藤花枝

Schisandra sphenanthera 西五味子（华中五味子）【木兰科 Magnoliaceae，(2)：341】

落叶木质藤本；小枝红褐色，具明显的皮孔。叶宽倒卵形、宽椭圆形至卵状披针形，叶柄常带红色。花单性同株，橙黄色或带红色，直径约1.5厘米。聚合果穗状，长圆柱形，深红色，集生多数由单心皮发育的球状浆果。花期5~6月，果期8~9月。

产秦巴山区，分布普遍，生于海拔600~3000米间的山地灌丛或疏林中。

用作林下地被。

西五味子成熟果实

西五味子幼果枝

Senecio scandens 千里光【菊科 Asteraceae，(5)：311】

草质攀缘藤本，长60~200厘米，多分枝。叶片卵状披针形至长三角形。头状花序多数，在茎枝端排列成开展的复伞房状或圆锥状聚伞花序；花黄色。果实圆柱形，冠毛白色或污白色。花期9月，果期10~11月。

产秦巴山区，很普遍，生于海拔420~1800米间的山地林下、灌丛或河滩。

适应性强，有乡村野趣，可用作地被。

千里光花序

千里光植株

Sinofranchetia chinensis 串果藤 【木通科 Lardizabalaceae，(2)：303】

落叶木质藤本，长可达 10 米。皮孔明显。小叶 3 片，有黄色叶脉及细网脉；顶生小叶菱状倒卵形至宽倒卵形，侧生小叶斜卵形。花序长 10~35 厘米；雌花被片白色，带紫褐色斑纹，倒卵形。果实近球形，淡黄色。花期 5~6 月，果期 9~10 月。

产秦巴山区，生于海拔 1300~2000 米间的山地杂木林或灌丛中。

可用作地被。

串果藤果实

串果藤花枝

Sinomenium acutum 风龙 【防己科 Menispermaceae，(2)：335；B：124】

落叶木质藤本。茎圆柱形，灰绿色。叶宽卵形或长卵形，全缘或 3 浅裂。圆锥花序腋生，长 8~20 厘米，花小，淡绿色；花瓣 6，肉质，暗红色。核果扁球形，蓝黑色。花期 6 月，果期 7~8 月。

产秦巴山区，生于海拔 500~1500 米间的山地灌丛或疏林中。

枝条细长，可用作地被。

风龙成熟果实

风龙果枝

Smilax megalantha 大花菝葜 【百合科 Liliaceae，(1)：317】

常绿木质藤本或攀缘灌木，枝条弯曲，有稀疏的短刺。叶革质，卵形，主脉 3，鞘状托叶达叶柄中部，先端具卷须或无。伞形花序生于侧生枝条叶腋。浆果球形，成熟后红色。

产秦岭南坡及巴山。

可用作地被。

大花菝葜幼果

大花菝葜果枝（红叶为当年叶，绿叶为上年叶）

Stephania cepharantha 金线吊乌龟 【防己科 Menispermaceae，(2)：332】

落叶木质缠绕藤本。小枝暗红色，有细条纹。叶盾形或微呈三角状。花小，淡绿色，雌雄异株，18~20 朵呈腋生头状聚伞花序。核果扁球形，紫红色。花期 6~7 月；果熟期 8~9 月。

产洋县、安康、石泉、平利、镇坪，生于海拔 1100~1700 米间的山坡灌丛或林中。

是极好的垂直绿化材料，适宜在公园、庭院中作矮篱，也可盆栽作室内装饰。

金线吊乌龟果实

金线吊乌龟果枝

Streptolirion volubile 竹叶子 【鸭跖草科 Commelinaceae，(1)：293】

草质缠绕藤本。茎长 50~100 厘米，常于节部生根。叶圆形，具弧形的并行叶脉，基部深 2 裂成心形，先端具尾尖；叶柄基部鞘状包茎，鞘具白色纤毛。花淡紫色后变白色。蒴果。花、果期 7~10 月。

产秦巴山区，生于海拔 520~1900 米的山坡草地或田边。

可作地被植物。

竹叶子花序

竹叶子植株

Tetrastigma obtectum 崖爬藤 【葡萄科 Vitaceae，(3)：272】

半常绿或常绿木质藤本。小枝、叶柄有褐色柔毛；卷须分枝，顶端具吸盘。掌状复叶，有长柄；小叶通常 5，中间小叶菱状倒卵形，侧生小叶常偏斜。伞形花序，具细长总花梗；花小，黄绿色。浆果球形或倒卵形，黑褐色。花期 5~6 月，果期 8~9 月。

产旬阳、平利、岚皋、镇坪、镇巴、城固、南郑，生于海拔 400~900 米间的山地林下阴湿处或石壁上。

小巧玲珑，姿态秀丽，可用于墙垣、篱栏、山石、树干等的装饰性绿化。

崖爬藤果枝

崖爬藤植株

Thladiantha nudiflora 南赤爬 【葫芦科 Cucurbitaceae，(5)：100】

草质藤本，全株密被柔毛状硬毛；卷须2叉。单叶互生，叶片宽卵状心形或近圆形。雄花排成总状花序；花冠黄色；雌花单生。果实卵圆形，红色。花期8月，果期10月。

产秦巴山区，生于海拔400~1800米间的山地草丛或林下。

可作林下观花地被。

南赤爬雌花

南赤爬植株

Toddalia asiatica 飞龙掌血 【芸香科 Rutaceae，(3)：142】

落叶木质藤本，通常蔓生。枝及分枝通常有下弯的皮刺；小枝常被褐锈色短柔毛及白色圆形皮孔。三出复叶具柄；小叶纸质或近革质，倒卵形、椭圆形或倒卵状长圆形。花白色、青色或黄色；雄花常排成腋生伞房状圆锥花序；雌花常排成聚伞状圆锥花序，花较少。核果橙黄色至朱红色。四季都有开花结果，但以10~12月开花，12月至翌年2月结果较常见。

产旬阳、平利、岚皋、镇坪、镇巴、西乡、洋县、略阳、宁强、南郑；生于海拔710~1300米间的山地灌丛中。

可作垂直绿化用。

飞龙掌血花枝

飞龙掌血植株

Trachelospermum jasminoides 络石 【夹竹桃科 Apocynaceae，(4)：133】

常绿木质藤本，长达 10 米，具乳汁。茎有皮孔；小枝被黄色柔毛。叶革质或近革质，椭圆形、卵状椭圆形或宽倒卵形。二歧聚伞花序腋生或顶生，花多朵组成圆锥状；花白色，芳香，高脚碟状。蓇葖果双生，叉开，线状披针形。花期 3~7 月，果期 7~12 月。

产秦巴山区，较普遍，生于海拔 450~1400 米间的山地，常攀缘在岩石或树上。

适应性较强，匍匐性、攀爬性较强，在园林中多作地被。

络石花枝

络石植株

Tripterospermum cordatum 峨眉双蝴蝶 【龙胆科 Gentianaceae，B：281】

多年生缠绕草本。茎具棱或条纹。基生叶密集呈莲座状，叶片椭圆形，茎生叶对生，卵状披针形或卵形。花大，顶生或 1~3 朵簇生于叶腋，紫色，长达 5 厘米。果实长圆形。花期 8~9 月，果期 10 月。

产户县、眉县、太白、宁强、南郑、洋县、西乡、镇巴、宁陕、旬阳、平利、岚皋、镇坪、山阳、商南，生于海拔 740~2300 米间的山坡草地或林下。

可作林下地被植物。

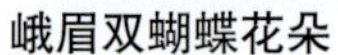

峨眉双蝴蝶花朵

峨眉双蝴蝶植株

Vicia amoena 山野豌豆 【豆科 Fabaceae，(3) : 95】

多年生草质藤本。茎有棱。羽状复叶长8~15厘米，卷须分枝；小叶8~14，长圆状椭圆形或椭圆形，大小变化很大。总状花序腋生，具10~20花；花冠紫色或淡紫色。荚果狭长圆形，褐色。花期6~8月，果期8~9月。

产秦巴山区，生于海拔600~1700米间的草地、灌丛或林缘。

花期长，色彩艳丽，可作绿篱、荒山、园林绿化。

山野豌豆植株

山野豌豆花序

Vitis piasezkii 复叶葡萄 【葡萄科 Vitaceae，(3) : 266】

落叶木质藤本。幼枝及叶柄具褐色柔毛，有时有粗腺毛。叶在同一枝上变化很大，多为卵圆形，浅裂、深裂或全裂，边缘有粗牙齿；全裂的为3~5小叶的掌状复叶。圆锥花序与叶对生，花小，黄绿色。浆果球形，黑褐色。花期5~6月，果期8~9月。

产秦巴山区，很普遍，生于海拔700~2300米间的山地灌丛或疏林中。

用于假山石、棚架、绿廊等绿化美化。

复叶葡萄花枝

复叶葡萄果枝

第7章 一二年生花卉

Cardamine leucantha 白花碎米荠 【十字花科 Brassicaceae，(2)：387】

白花碎米荠花序

白花碎米荠群落

一年生或二年生草本，高30~70厘米。茎不分枝或仅上部分枝。奇数羽状复叶，小叶通常5片。花径达7毫米，花瓣白色，狭长圆形。长角果稍扁平。花期5月，果期7月。

产秦巴山区，较常见，生于海拔1200~2500米间的山坡草地、林下或河滩较湿润处。

花色淡雅，花朵细密，可用作地被。

Cnidium monnieri 蛇床 【伞形科 Apiaceae，(3) : 416】

一年生草本，高 20~80 厘米。茎有分枝。基生叶轮廓长圆形或卵形，长达 16 厘米，三至四回三出式羽状分裂，最终裂片线形或线状披针形。复伞形花序，花白色。果实宽椭圆形。花期 5~7 月，果期 8~10 月。

产华阴、户县、周至、眉县、太白、留坝、宁强、南郑、洋县、佛坪、宁陕、平利、岚皋，生于海拔 900~2460 米间的山坡草地、河滩、路旁或疏林下。

伞状小白花，芳香怡情，可以作为园林绿化植物，美化生活环境。

蛇床植株

蛇床花序

Commelina communis 鸭跖草 (淡竹叶)【鸭跖草科 Commelinaceae，(1) : 294】

一年生草本。茎初直立，后匍匐地上，长 30~50 厘米。叶片卵圆状披针形或披针形。佛焰苞心状卵形；聚伞花序生于枝上部者，具花 3~4 朵，生于枝下部者具花 1~2 朵；花蓝色，萼片 3 个，花瓣 3 个。蒴果 2 室。花期 7~9 月，果期 9~10 月。

产秦巴山区，较常见，生于海拔 400~1900 米间的草地、田边、路旁等潮湿处。

植株较矮，花美丽奇特，主要用作林下地被植物。

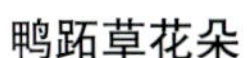

鸭跖草花朵

鸭跖草群落

Corydalis edulis 紫堇 【罂粟科 Papaveraceae，(2)：371】

一年生细弱草本。茎高 20~50 厘米。叶二回羽状深裂，长达 10 余厘米，一回羽片 5~7 个，二回羽片倒卵状楔形。花紫红色，多朵排列呈疏散的总状花序，与叶对生。蒴果线形，成熟时斜向下垂。花期 4 月，果期 6 月。

产秦巴山区，较普遍，生于海拔 370~1800 米间的草地或林缘。

花朵美丽，用作缀花草坪或林缘地被。

紫堇花序

紫堇群落

Delphinium anthriscifolium var. *anthriscifolium* 还亮草 【毛茛科 Ranunculaceae，B：115】

一年生草本。茎直立，高 30~50 厘米，上部常分枝。叶片轮廓菱状卵形，羽状全裂。花序总状，生茎和分枝的顶端，常具花 2~8（12）朵；花淡蓝紫色，稍下垂。蓇葖果。花期 5~6 月。

产秦巴山区，生于海拔 600~1500 米间的山坡草地或溪旁。

植株挺拔、叶片清秀、花序饱满、着花繁密，是优良的园林绿化地被植物。

还亮草花序

还亮草植株

Dicranostigma leptopodum 秃疮花 【罂粟科 Papaveraceae，(2)：359】

二年生草本，高约30厘米。茎多数丛出，上部分枝。基生叶具柄，呈莲座状，羽状深裂或全裂；茎生叶少数，苞状，无柄。花直径约3厘米；花瓣圆形，淡黄色。蒴果长圆柱形。花期3~5月，果期6~7月。

产秦岭山地，生于海拔420~1250米间的荒坡草地或灌丛下。

适应性强，有乡村野趣，可用作地被。

秃疮花花朵

秃疮花植株

Dontostemon dentatus 花旗杆 【十字花科 Brassicaceae，(2)：392】

二年生草本，茎上部有分枝，高达60厘米。叶互生，披针形至狭线形。花瓣淡紫红色。长角果线形。花期5~6月，果期6~7月。

产华阴、洛南、商州、山阳，生于海拔880~1900米间的山坡草地。

用于石砾山地、岩石隙间、山坡及林边绿化美化。

花旗杆花序

花旗杆植株

Eclipta prostrata 醴肠 （旱莲草）【菊科 Asteraceae，B：336】

一年生草本，高 15~55 厘米。叶片披针形或线形。头状花序 1~3 朵腋生或顶生，舌状花雌性，白色；筒状花两性。雌花果实三棱形，两性花果实扁四棱形。花期 7~8 月，果期 9~11 月。

产秦巴山区，生于海拔 1000 米以下的荒野、河滩或田边。

有乡村野趣，用于低洼湿润地带绿化。

醴肠花序

醴肠植株

Elsholtzia ciliata 香薷 【唇形科 Lamiaceae，（4）：283】

一年生草本，高 30~50 厘米。茎分枝。叶卵形或椭圆状披针形。轮伞花序集聚于茎顶或侧枝端呈偏向一侧的假穗状花序；苞片宽卵圆形，绿色或紫色；花冠淡蓝紫色，较花萼长 3 倍。小坚果长圆形，黄棕色。花期 7~9 月，果期 10 月至翌年 1 月。

产秦巴山区，很普遍，生于海拔 450~2500 米间的草地、田边或林下。

花序挺立，富有野趣，可作树下低矮地被。

香薷花序

香薷植株

Erodium stephanianum 牻牛儿苗 【牻牛儿苗科 Geraniaceae，(3)：119】

一年生或二年生草本。茎高 15~50 厘米，平铺或稍斜升。叶对生，卵形或椭圆状三角形，二回羽状深裂。伞形花序腋生，有花 2~5；花瓣倒卵形，蓝紫色。蒴果具长 2.5~4 厘米的喙，喙螺旋状卷曲。花期 4~5 月，果期 6~8 月。

产秦岭山地，很普遍，生于海拔 540~2800 米间的荒坡、草地、河滩、田边或灌丛。

富有野趣，可作林下低矮地被。

牻牛儿苗花朵

牻牛儿苗植株

Halenia elliptica 椭圆叶花锚 【龙胆科 Gentianaceae，(4)：127】

一年生草本，高 20~50 厘米。茎直立，分枝，四棱形。叶对生，卵形或椭圆形。花序为顶生的伞形或腋生聚伞花序，花蓝色。种子小。花期 8~9 月，果期 10~11 月。

产秦巴山区及关山，生于海拔 750~3000 米间的山坡草地或林缘。

可作林缘及山坡草地低矮地被。

椭圆叶花锚花序

椭圆叶花锚植株

Hibiscus trionum 野西瓜苗 【锦葵科 Malvaceae，(3)：288】

一年生草本。茎直立或平卧，高30~60厘米。下部叶圆形，不分裂，上部叶掌状3~5深裂，裂片狭长圆形或披针形，羽状分裂。花单生于叶腋，淡黄色，内面基部紫色，径2~3厘米。蒴果长圆状球形，黑色。花期7~8月，果期9~10月。

秦巴各地均产，生于海拔550~1600米间的荒野、河滩、田边或路旁。

适应性强，花小秀丽，可用作地被。

野西瓜苗花朵

野西瓜苗植株

Hyoscyamus niger 天仙子 【茄科 Solanaceae，(4)：295】

二年生草本，高40~100厘米。基生叶大，呈莲座状，茎生叶互生，长圆形或卵圆形，缘羽状深裂或具不规则的波状齿。花单生于叶腋，或在茎上端组成蝎尾状的总状花序，通常偏向一侧；花冠钟状，黄绿色，具紫色脉纹，5浅裂。蒴果卵状球形。花、果期5~8月。

产华阴、周至、太白、凤县、宁陕，生于海拔870~2400米间的山坡荒野。

夏季观花，可用于坡地、林下栽植。

天仙子花朵

天仙子植株

Impatiens fissicornis 裂距凤仙花 【凤仙花科 Balsaminaceae，(3)：245】

一年生草本，高40~90厘米。茎细弱，上部分枝。叶互生，卵状长圆形或卵状披针形。花单生于上部叶腋，长3~4厘米；花黄色或橙黄色，唇瓣囊状，具褐色斑纹。蒴果长椭圆形。花期8~9月。

产长安、眉县、商州、安康、平利、岚皋、西乡、洋县，生于海拔440~2100米间的山地林下。

花形奇特，开花时间长，具观赏价值。极易成活，民间栽培普遍。

裂距凤仙花花朵

裂距凤仙花植株

Impatiens noli-tangere 水金凤 【凤仙花科 Balsaminaceae，(3)：247】

一年生草本，高50~80厘米。茎直立，分枝。叶质薄而软，互生，卵形或椭圆形。总花梗腋生，具花2~3朵；花大，黄色，喉部常有红色斑点。蒴果狭长圆形。花期8~9月。

产秦巴山区，较普遍，生于海拔1300~2500米间的山地林下阴湿处。

花形奇特，花如其名，具观赏价值。极易成活，易于栽培。

水金凤花朵

水金凤植株

Impatiens stenosepala 窄萼凤仙花 【凤仙花科 Balsaminaceae，（3）：245】

一年生草本，高 20~70 厘米。茎直立，常有紫色或红褐色斑点。叶互生，多集生于茎上部，长圆形或长圆状披针形。总花梗生于上部的叶腋，有花 1~3 朵；花大，紫红色。蒴果线形。花期 9~10 月。

产户县、山阳、宁陕、平利、佛坪、留坝，生于海拔 930~1700 米间的山地林下。

花形奇特，具观赏价值。极易成活，易于栽培。

窄萼凤仙花花朵

窄萼凤仙花植株

Incarvillea sinensis 角蒿 【紫葳科 Bignoniaceae，（4）：369】

一年生直立草本。茎圆柱形，高 15~50（85）厘米。叶为一至三回羽状全裂，在茎或枝的基部为对生，上部互生。总状花序，着花 4~18 朵；花冠红色或红紫色，漏斗状，冠筒长 1.9~3.9 厘米。蒴果圆柱形，角状。花期 6~7 月，果期 7~8 月。

产秦岭山地，生于海拔 500~1600 米间的荒野或疏林下。

绿茎直立洒脱，钟状花冠色艳，极具观赏价值。可配置于花径、花坛、假山上下，或丛植于色块、林下。

角蒿植株

角蒿花朵

Leonurus japonicus 益母草 【唇形科 Lamiaceae，B：299】

益母草植株

一年生或二年生草本。茎直立，高 30~120 厘米。叶片变化较大，基生叶和下部茎生叶在花期脱落，轮廓卵形；中、上部茎生叶多 3 裂或有时 5 裂，茎顶部叶线形。轮伞花序多花，呈球形，腋生，下面间断向上密集；花冠粉红色至淡紫红色。小坚果长圆形，具 3 棱。花期 6~9 月，果于花后渐次成熟。

产秦巴山区，很普遍，生于海拔 600~1700 米间的荒野草地、河滩、田边或林缘。

花序挺立，叶片纤细，适宜片植。

益母草花序

Medicago lupulina 天蓝苜蓿 【豆科 Fabaceae，(3)：25】

一年生草本，高 20~60 厘米。茎平铺或上升，由基部分枝。小叶宽倒卵形、圆形、长圆形或倒卵圆形至菱形。密集总状花序长不及 1 厘米。荚果一回旋卷，黑褐色。花期 6~11 月，果期 9~12 月。

秦巴各地均产，很普遍，生于海拔 450~2150 米间的山坡或山谷草地、林缘。

匍匐生长，地表覆盖能力强，既是优良的豆科牧草，又可作为园林地被使用。

天蓝苜蓿花序

天蓝苜蓿植株

Melampyrum roseum 山萝花 【玄参科 Scrophulariaceae，(4)：343】

一年生直立草本。茎高(15)30~60(80)厘米，多分枝，干时呈黑色。叶卵状披针形至长圆形。总状花序顶生，长2~10厘米；花冠红色至紫色。蒴果，卵状。花期6~8月，果期8~9月。

产秦巴山区，分布普遍，生于海拔850~2100米间的山地草丛或疏林下。

花期夏秋季，可用作林下地被。

山萝花花朵

山萝花植株

Orychophragmus violaceus 诸葛菜 (二月蓝)【十字花科 Brassicaceae，(2)：400】

一年生或二年生草本，高10~50厘米。茎直立，基部分枝。叶形变化甚大；基生叶和茎下部叶为提琴状羽裂，顶端裂片特别大，圆形或卵形；茎上部叶无柄，长圆形或狭卵形，边缘具不整齐的牙齿。花序着花5~20朵，花径约2厘米；萼片淡紫色，花瓣淡紫色。长角果线形。花期3~4月，果期4~5月。

产秦巴山区，生于海拔450~1600米间的荒坡、田边或路旁。

花期长，是北方地区不可多得的早春观花地被植物。

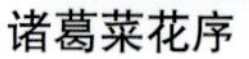

诸葛菜花序

诸葛菜植株

Phtheirospermum japonicum 松蒿 【玄参科 Scrophulariaceae，(4)：344】

一年生草本。茎直立，高（10）30~60（80）厘米，多分枝。叶轮廓卵形至卵状披针形，下端羽状全裂，向上渐变为深裂至浅裂，裂片长卵形；上部叶渐变小，具叶柄。穗状花序；花冠粉红色或紫红色。蒴果卵状圆锥形。花期 8~9 月，果期 9~10 月。

秦巴各地均产，较常见，生于海拔 340~1900 米间的荒野、田边或灌丛下。

可用作地被。

松蒿花朵

松蒿植株

Pilea pumila 透茎冷水花 【荨麻科 Urticaceae，B：88】

一年生多水汁草本，高 20~50 厘米。茎直立，鲜时透明。叶卵形或菱形，基脉 3 出。花单性，雌雄花混生于同一花序内，花序为腋生的聚伞花序；雄花无梗，雌花具短梗，花被片 3。瘦果扁卵形。花期 7~8 月，果期 8~9 月。

产秦巴山区，较普遍，生长于海拔 500~2000 米间的山地阴湿处或林下。

可作林下低矮地被。

透茎冷水花花序

透茎冷水花植株

Pimpinella rhomboidea 菱形茴芹 【伞形科 Apiaceae，（3）：404】

菱形茴芹花序

二年生草本，高 45~90 厘米。茎直立。基生叶二回三出分裂，具长达 18 厘米的叶柄；中裂片菱状宽卵形；侧裂片卵形，偏斜。复伞形花序直径 5~8 厘米，小伞形花序着花 15~25 朵，具杂性花；花白色。果实宽心形。花期 7 月，果期 8~9 月。

产华阴、渭南、蓝田、周至、眉县、太白、洋县、佛坪、宁陕、平利、镇坪，生于海拔 1300~2200 米间的山地林下或草丛。

花朵秀丽，花色淡雅，可作林下地被。

菱形茴芹植株

Pleurospermum franchetianum 异伞棱子芹

【伞形科 Apiaceae，(3)：389】

二年生草本，高 40~70 厘米。茎直立，不分枝。叶近三回三出式羽状分裂，最终裂片披针状长圆形。复伞形花序顶生，直径 8~14 厘米，全育；花白色。果实椭圆形。花期 7~8 月，果期 9 月。

产宁陕、户县、眉县、太白，生于海拔 1900~3400 米间的山坡草地。

花朵美丽，夏季开花，可片植。

异伞棱子芹花序

异伞棱子芹植株

Polygonum runcinatum var. *sinense* 赤胫散 【蓼科 Polygonaceae，（2）：146】

一年生或多年生草本，高 25~50 厘米。茎直立或斜上升。叶片三角状卵形，腰部深内陷。花序头状，由数个至多个花序排列为聚伞状；花被白色或粉红色。果实球状三棱形。花果期 6~8 月。

产秦巴山区，生于海拔 420~2200 米间的山地林下或湿草地。

适应性强，宜丛植。

赤胫散植株

赤胫散植株（彩叶型）

Saussurea japonica 风毛菊 【菊科 Asteraceae，（5）：349】

风毛菊植株

风毛菊花序

二年生草本，高 50~120 厘米。茎直立，上部多分枝。叶片长圆形至椭圆形，羽状深裂。头状花序多数，在茎、枝端组成密伞房状；小花多数（12~20），花冠紫红色。果实长椭圆形，棕色。花期 8~10 月。

秦巴山区均产，很普遍，生于海拔 500~2000 米间的山坡草地、田边或林缘。

适合郊野公园地被绿化。

Sedum amplibracteatum 大苞景天

【景天科 Crassulaceae，(2)：425】

一年生草本，高 15~50 厘米。茎直立，上部分枝。叶互生，早落，最上部的 3 片轮生，卵状菱形至倒卵形。花序聚伞状，3 歧，着花多数；花为不等的 5 基数；花瓣黄色，长圆形或线状卵形。花期 6~7 月，果期 8~9 月。

产秦巴山区，较常见，生于海拔 1200~2400 米间的山地林下阴湿处。

适合郊野公园地被绿化。

大苞景天花序

大苞景天植株

Senecio oldhamianus 蒲儿根

【菊科 Asteraceae，(5)：306】

一年生或二年生草本。茎直立，高 30~80 厘米，上部多分枝。叶草质或近膜质，叶片心状圆形、宽卵状心形或三角状卵形。头状花序多数，在茎枝端排列成复伞房状，花黄色，舌状花约 13，筒状花多数。果实倒卵状圆柱形。花、果期 5~7 月。

产秦巴山区，生于海拔 500~2200 米间的山地草丛、林下或溪旁，较常见。

有乡村野趣，可用作郊野公园地被。

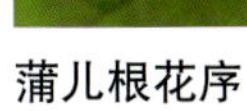

蒲儿根花序

蒲儿根植株

第8章 多年生花卉

Achillea acuminata 齿叶蓍 【菊科 Asteraceae，(5)：242】

茎直立，高30~100厘米。叶片披针形。头状花序多数，密集成伞房状；舌状花3层，白色，筒状花白色。果实倒披针形。花期7~8月，果期9~10月。

产眉县、太白、凤县，生于海拔1840米以上的山地疏林下或草甸中。

可用于园林花境。

齿叶蓍植株

齿叶蓍花序

Achillea wilsoniana 云南蓍 【菊科 Asteraceae，(5)：244】

茎直立，高80~100厘米。叶无柄；中部叶披针形或长圆形，二回羽状全裂，裂片多数。头状花序多数，排列成复伞房状；舌状花6~8，白色；筒状花白色或淡黄色。果实长圆形。花期7~9月，果期10月。

产蓝田、户县、眉县、宝鸡、太白、凤县、洋县、南郑、岚皋、平利，生于海拔1500~2530米间的山地草丛或疏林下。

花期较长，可引种用于园林花境。

云南蓍植株

云南蓍花序

Actaea asiatica 类叶升麻 【毛茛科 Ranunculaceae，(2) : 251】

茎直立，不分枝，高 30~70 厘米。茎下部的叶为三出羽状复叶，小叶片具柄，卵形至菱形，长 3~8 厘米，宽 2~7.5 厘米，3 深裂至全裂；叶柄长 10~16 厘米。花序长 2~4 厘米；萼片白色。果序长 3~6 厘米；果实紫黑色，近球形。花期 5~6 月，果期 7~9 月。

产秦巴山区，较普遍，生于海拔 700~2350 米间的山地林下或阴湿处。

有乡村野趣，可用作郊野公园地被。

类叶升麻植株

类叶升麻花序

类叶升麻成熟果实

Adonis davidii 狭瓣侧金盏花 【毛茛科 Ranunculaceae，(2)：275】

狭瓣侧金盏花花朵

多年生草本。茎高 20~40 厘米，基部被鳞鞘。叶柄长；叶片轮廓宽卵状三角形或五角形，3 全裂。花单生于分枝顶端，白色，稀浅蓝色。聚合果球形。花期 5 月上旬、中旬，果期 5 月下旬至 6 月。

产太白山及宁陕，生于海拔 1660~2630 米间的山地林下阴湿处或水沟边。

花朵大而美丽，适宜在园林中丛植或片植。

狭瓣侧金盏花植株

Adonis sutchuenensis 蜀侧金盏花 【毛茛科 Ranunculaceae，(2)：275】

多年生草本。茎高 25~40 厘米，下部围以膜质鳞鞘。叶生于茎的中上部，具叶柄；叶片轮廓三角状卵形，3 全裂。花单生于茎或分枝顶端，黄色。聚合果球形。花期 5 月，果期 6 月。

产太白山及宁陕、平利，生于海拔 1660~3300 米间的山地林下或草地。

适宜引种在园林中丛植或片植。

蜀侧金盏花花朵

蜀侧金盏花植株

Ajania salicifolia 柳叶亚菊 【菊科 Asteraceae，(5)：254】

柳叶亚菊花序

多年生草本。茎直立，高30~60厘米，基部木质化。叶具短柄，叶片线形或线状披针形。头状花序多数在茎端排成复伞房状，花序周围具密集的莲座状叶丛；花黄色。果实椭圆形。花期9月，果期10月。

产宝鸡、太白、凤县，生于海拔2200~2860米间的山地草丛中。

植株秀美，花序奇特，适宜片植或作建筑基础绿化。

柳叶亚菊群落

Ajuga ciliata 筋骨草 【唇形科 Lamiaceae，（4）：214】

多年生草本。茎直立，绿色或紫红色，高 24~40 厘米。叶卵状椭圆形或狭椭圆形。花序由多数轮伞花序聚集于茎顶呈穗状花序；苞片大，卵形，有时呈紫红色；花冠紫色、蓝紫色或白色。小坚果长圆形或卵状三棱形。花期 4~8 月，果期 7~9 月。

产临潼、长安、眉县、宝鸡、凤县、太白、南郑、宁陕、平利、镇安、山阳，生于海拔 430~2750 米间的山地草丛或林下。

花期长，可作为疏林下地被。

筋骨草植株

筋骨草花序（蓝花类型）

筋骨草花序（白花类型）

Anaphalis margaritacea 珠光香青 【菊科 Asteraceae，(5)：193】

多年生草本。茎直立或斜升，单生或少数丛生，高30~ 60（100）厘米。叶无柄，叶片狭披针形至线状披针形。头状花序多数聚集成复伞房花序；总苞片5~7层，基部稍淡褐色，上部白色；花序托蜂窝状。果实长圆形。花期7~9月，果期9~10月。

产秦巴山区，分布普遍，生于海拔700~2650米间的山地草丛或疏林下。

花色淡雅，可用于疏林下地被。

珠光香青花序

Anemone hupehensis 野棉花 【毛茛科 Ranunculaceae，(2)：282】

野棉花植株

植株高 30~80（100）厘米。叶数片，基生，具长柄，三出复叶，中央小叶具较长的柄，卵形。花茎直立，下部带紫色；聚伞花序 2~3 次分枝或不分枝；萼片 5~6，倒卵形或近圆形，先端圆。瘦果密被长绵毛。花期 7~10 月。

秦岭南坡及巴山分布普遍，秦岭北坡仅见于蓝田和宝鸡，生于海拔 500~2150 米间的山坡草地、林缘、灌丛或河岸。

花期长，可用于林缘地被。

野棉花花朵

Anemone reflexa 反萼银莲花 【毛茛科 Ranunculaceae，(2)：280】

植株高 18~25 厘米。基生叶具长柄，叶片轮廓五角形，3 全裂。花茎单一；萼片 5~7，白色，披针状线形。花期 4 月，果期 6 月。

产太白山及蓝田，生于海拔 1100~1500 米间的山地灌丛或林下。

花形奇特，点缀早春地被。

反萼银莲花花朵

反萼银莲花植株

Angelica laxifoliata 疏叶当归 【伞形科 Apiaceae，(3)：422】

茎直立，高 50~150 厘米。基生叶有长柄，轮廓近菱状三角形，二至三回三出羽状分裂。复伞形花序顶生及侧生；花白色。果实长圆形。花期 7~8 月，果期 8~9 月。

产华阴、户县、眉县、太白、凤县、佛坪、洋县、留坝、略阳、南郑、西乡、岚皋、平利，生于海拔 1050~2600 米间的山地草丛或林下。

花序繁密，夏季开花，可用于疏林下地被。

疏叶当归花序

疏叶当归植株

Antenoron neofiliforme 短毛金线草 【蓼科 Polygonaceae，(2)：141】

多年生草本，高 40~100 厘米。茎直立，带红色。叶片椭圆形或长椭圆形，长 8~18 厘米，宽 4~8 厘米；托叶鞘管状。花序穗状，顶生，长 20~40 厘米，具稀疏的花朵；花被裂片红色，直立，椭圆形。果实卵状扁圆形，黄褐色，有光泽。花期 7~9 月，果期 8~10 月。

产秦巴山区，生于海拔 400~1200 米间的山谷、溪岸、林下或草地潮湿处。

花序美丽，可用作郊野公园地被。

短毛金线草花序

短毛金线草植株

Aquilegia ecalcarata 无距耧斗菜 【毛茛科 Ranunculaceae，(2)：234】

植株高 30~80 厘米。茎多分枝。基生叶为二回三出复叶。花序具少数花朵；花直立或下垂，紫堇色。蓇葖果长线形。花期 7 月。

产秦巴山区，生于海拔 1200~2200 米间的山地林下、路旁或河岸。

花形奇特，可用作郊野公园地被。

无距耧斗菜植株

无距耧斗菜花朵

Aquilegia oxysepala var. *yabeana* 华北耧斗菜 【毛茛科 Ranunculaceae，(3)：235】

植株高 50~100 厘米。茎具纵钝条棱。基生叶簇生，多为二至三回三出复叶。萼片紫色；花瓣紫色，先端略膨大并内弯呈钩状。蓇葖果。花期 6~7 月。

产秦巴山区，生于海拔 1000~2200 米间的山地林下、草坡或河岸。

花形美丽奇特，可用作郊野公园地被。

华北耧斗菜植株

华北耧斗菜花朵背面

华北耧斗菜花朵正面

Artemisia lactiflora 白苞蒿

【菊科 Asteraceae，（5）：274】

多年生草本。茎直立，高70~140厘米。叶具柄，基部具假托叶；中部叶倒卵形，一或二回羽状深裂。头状花序极多数，聚集成复总状花序，无总花序梗；花淡黄色。果实圆柱形。花期8~9月，果期9~10月。

产周至、紫阳、岚皋、平利、佛坪、南郑、略阳，生于海拔850~2100米的山地草丛、灌丛或林下。

花色淡雅，可作夏秋开花地被。

白苞蒿花序

白苞蒿植株

Asarum sieboldii 细辛 【马兜铃科 Aristolochiaceae，(2)：131】

根状茎斜向上伸。地面生叶无柄，长1~1.5厘米；地上生叶常两片，对生，具长6~14厘米的叶柄；叶片扁圆形，宽6~9厘米，先端钝尖。花深紫色，单生叶腋。蒴果半球形。花期4~5月。

产秦巴山区，生于海拔1000~2000米的山地林下。

叶心形，喜阴，可作树下低矮地被。

细辛花朵

细辛植株

Aster indicus 马兰 【菊科 Asteraceae，B：332】

茎高30~70厘米，具细纵条纹，上部有分枝。叶无柄而微抱茎；叶片卵状长圆形、长圆形、披针形或线状披针形。头状花序2~3生于枝端排列成圆锥状伞房花序；舌状花蓝紫色或白色。果实倒卵形。花期6~9月，果于花后渐次成熟。

产秦巴山区，分布普遍，生于海拔420~1800米间的山地草丛或林缘。

头状花序，花白色或蓝紫色，可片植作观花植物。

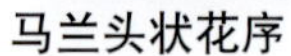

马兰头状花序

马兰植株

Astilbe chinensis 红升麻 （落新妇）【虎耳草科 Saxifragaceae，（2）：440】

直立草本，高达 1 米。叶为二至三回三出羽状复叶。圆锥花序较狭，花小形；花瓣线形，紫色。蒴果。花期 6~7 月，果期 9 月。

产秦巴山区，生于海拔 1200~2800 米间的林下湿润处或水沟旁。

圆锥花序，紫色小花，可带植或片植于水边。

红升麻花序

红升麻植株

Astilbe rivularis var. *myriantha* 多花落新妇 【虎耳草科 Saxifragaceae，B：173】

直立草本，高达 1 米。基生叶有长柄；叶为二至三回羽状复叶。圆锥花序尖塔形；花白色，雌雄异株或杂性。花期 6~7 月，果期 9~10 月。

产秦巴山区。

观花草本植物，圆锥花序尖塔形，可于园林中丛植。

多花落新妇植株

多花落新妇花序

Begonia grandis var. *sinensis* 中华秋海棠 【秋海棠科 Begoniaceae，B：241】

多年生草本。茎直立，红色，高 20~60 厘米，通常不分枝。叶互生，斜卵形。花粉红色，数朵呈腋生聚伞花序。蒴果倒卵形。花期 8~9 月，果期 9~10 月。

产丹凤、宁陕、岚皋、镇坪、西乡、洋县、略阳、宁强，生于海拔 530~1700 米间的山地林下阴湿处。

观花观叶，可片植于林下。

中华秋海棠雄花

中华秋海棠植株

Belamcanda chinensis 射干 【鸢尾科 Iridaceae，(1)：384】

茎直立，高 40~90 厘米。叶无柄，二列，宽剑形，扁平。聚伞花序顶生，花被 6 片，两轮。蒴果长椭圆形至倒卵形。花期 7~8 月，果期 9~10 月。

产秦巴山区，较常见，生于海拔 400~1800 米间的山坡草地、田埂或沟岸。

聚伞花序顶生，花形飘逸，有趣味性，可作花径。

射干花朵

射干植株

Bletilla ochracea 狭叶白及【兰科 Orchidaceae，(1)：417】

植株高可达 70 厘米。叶 4~5 片，线状披针形或近于线形。花序总状，具 4~6 朵花，花序轴稍呈“之”字状曲折；花白色或淡黄色。蒴果圆柱状，黄褐色。花期 6 月，果期 9~10 月。

产山阳、宁陕、紫阳、岚皋、平利、镇坪、佛坪、洋县、留坝、略阳，生于海拔 1000~2000 米间的山地林下。

观花观叶，可用于林下地被。

狭叶白及花朵

狭叶白及植株

Boea hygrometrica 猫耳朵（旋蒴苣苔）【苦苣苔科 Gesneriaceae，(4)：383】

多年生草本。叶基生，菱状卵形或倒卵形。花葶 1 至多条；花冠长约 1 厘米，淡蓝紫色，二唇形。蒴果，果瓣 2，螺旋状扭曲。花、果期 7~10 月。

产秦巴山区，生于海拔 300~2500 米间的山地岩石上。

花色淡蓝紫色，花形纯净可爱，可丛植或孤植于水边。

猫耳朵花朵

猫耳朵植株

Callianthemum taipaicum 太白美花草

（重叶莲）【毛茛科 Ranunculaceae，（2）：274】

多年生草本。茎1~4个，簇生，高8~10厘米。基生叶3~6片，奇数羽状复叶，茎生叶形似基生叶但较小。花径2.2~2.8厘米；萼片5，带紫蓝色；花瓣9~13，白色，基部橘红色。花期6月。

产太白山、佛坪、柞水牛背梁，生于海拔2800~3600米间的山坡草地。陕西特有种。

簇生，可片植或群植于水边。

太白美花草植株

太白美花草花朵

Caltha palustris 驴蹄草 【毛茛科 Ranunculaceae，(2)：228】

植株全体无毛。茎分枝，高达 50 厘米。基生叶有长柄，叶片肾形或卵状心形；茎生叶肾形或三角状卵形。单歧聚伞花序，常具花 2 朵；花金黄色，直径 2~3 厘米。蓇葖果狭倒卵形。花期 5~8 月，果期 7~9 月。

产秦巴山区，生于海拔 1250~2100 米间的山地林下。

花金黄色，片植具有野趣。

驴蹄草花朵

驴蹄草群落

Campanula punctata 紫斑风铃草 （灯笼花）【桔梗科 Campanulaceae，(5)：124】

多年生草本。茎高 20~50 厘米。基部叶丛生，中部叶互生。花稍俯垂，着生于茎枝端，组成疏圆锥状花序；花冠淡紫色或白色，钟状，具多数紫色斑点。果实半球形。花期 6~8 月，果期 7~10 月。

产秦巴山区，分布普遍，生于海拔 600~2800 米间的山坡草地或林缘。

花似风铃，富有趣味，观花植物。

紫斑风铃草花序

紫斑风铃草花朵正面

Cardamine macrophylla 大叶碎米荠 【十字花科 Brassicaceae，(2)：386】

多年生草本。茎直立，高 30~100 厘米。奇数羽状复叶，小叶 2~6 对。萼片卵形或长圆形，绿色或淡紫色；花瓣淡紫色。长角果稍扁平。花期 5~6 月，果期 7~8 月。

产秦巴山区，较普遍，生于海拔 1000~3000 米间的山谷溪旁、河滩或林下阴湿处。

可观花观叶，适宜于林下片植。

大叶碎米荠花序

大叶碎米荠植株

Carpesium macrocephalum 大花金挖耳 【菊科 Asteraceae，(5)：210】

茎高 60~140 厘米。基部叶于开花前枯萎；叶片较大，向上渐小，宽卵形、椭圆形至长圆形，长 5~20 厘米，宽 1.2~15 厘米；苞叶 3~5，椭圆形至披针形。头状花序大，单生于茎顶和腋生于枝端。果实圆状卵形。花期 7~8 月，果期 9~10 月。

产蓝田、长安、户县、周至、眉县、宝鸡、太白、凤县、留坝、略阳、西乡、佛坪、宁陕、丹凤，生于海拔 850~1800 米间的山地草丛或林缘。

观花观叶，叶片大，头状花序大，富有野趣。

大花金挖耳花序

大花金挖耳植株

Cephalanthera longifolia 长叶头蕊兰

【兰科 Orchidaceae，(1)：415】

植株高30~55厘米。茎直立，下部具3~5片鞘。叶5~7片，披针形或卵状披针形。总状花序具6~12朵花；花白色，不开放或稍稍开放。花期4~5月，果期7~10月。

产华阴、渭南、长安、户县、周至、眉县、太白、山阳、宁陕、平利、南郑，生于海拔850~2400米间的山地林下。

花白色，不全开放，具有羞涩趣味，可植于林下。

长叶头蕊兰花序

长叶头蕊兰植株

Chamaerion angustifolium subsp. *circumvagum* 毛脉柳兰

【柳叶菜科 Onagraceae，B：244】

毛脉柳兰花朵

多年生草本，高50~150厘米。茎直立，通常不分枝。叶互生，长圆状披针形或线状披针形。总状花序顶生，伸长；花大，红紫色。蒴果圆柱形，种子多数，顶端具1簇长1~1.5厘米的黄色束毛。花期7~9月。

产秦巴山区，较常见，生于海拔1200~2900米间的山地林缘、草丛。

观花植物，园林中可片植或带植。

毛脉柳兰群落

Chelidonium majus 白屈菜 【罂粟科 Papaveraceae，(2)：358】

多年生草本，高 30~80 厘米，含棕黄色乳汁。茎直立或斜生。叶具长柄，一至二回羽状分裂。花黄色，排列成伞形花序。蒴果细圆柱形；种子多数。花期 4~5 月，果期 5~7 月。

产秦巴山区，生于海拔 300~1960 米间的山坡草地、林缘或水沟旁。

观花观叶，适应能力强，可使用种子自播繁衍。

白屈菜花朵

白屈菜植株

Chrysanthemum indicum 野菊 【菊科 Asteraceae，(5)：248】

野菊花序

多年生草本。茎直立或基部铺散，高50~90厘米。基生叶花期枯萎；茎生叶菱状三角形，羽状深裂。头状花序5~6，聚集于先端，排列成伞房状圆锥花序，或不规则伞房花序；舌状花黄色。果实圆柱形。花期9~10月，果期10~11月。

产秦巴山区，生于海拔710~1800米间的山地荒野、河岸或林缘。

花金黄色，片植群落明艳灿烂，可作花境植物材料。

野菊群落

Chrysanthemum vestitum 毛华菊 【菊科 Asteraceae，(5)：249】

多年生草本。茎高达80厘米，基部木质化。叶革质，具短柄，叶片菱形或宽披针形。头状花序单生于枝端，排成疏伞房状；舌状花雌性，白色。果实圆柱形。花期10月，果期10~11月。

产商南、丹凤、商州，生于海拔600米左右的山坡草地。

观花植物，可片植或丛植。

毛华菊头状花序

毛华菊植株

Cimicifuga simplex 单穗升麻 【毛茛科 Ranunculaceae，(2)：251】

茎直立，高约1米。基生叶和茎下部叶为二至三回三出复叶。总状花序长达33厘米，下部有少数分枝；萼片4，花瓣状，白色。蓇葖果具长梗。花期7~9月。

产户县、佛坪、洋县、凤县、平利、岚皋，生于海拔1700~2300米间的山地林下、灌丛或草坡。

总状花序长，亭亭玉立，可丛植。

单穗升麻植株

单穗升麻花序

Convallaria keiskei 铃兰 【百合科 Liliaceae，(1)：336】

多年生草本。叶2片，长圆状倒卵形至卵状椭圆形，长12~18厘米，宽3~7(~10)厘米。花茎和叶皆由鞘状鳞片内抽出，高20~30厘米；花序总状，长5~12厘米，花稀疏，10朵左右；花有芳香，花被白色。浆果球形，红色。花期5~6月，果期8月。

产华阴、蓝田、眉县、宝鸡、太白、佛坪、柞水，生于海拔1200~2400米间的山地林下或草丛。

幽雅清丽，可用于花坛花境，作地被植物。

铃兰群落

铃兰花期植株

Corydalis ophiocarpa 蛇果黄堇 【罂粟科 Papaveraceae，(2)：372】

多年生草本。主根明显，根颈部稍粗壮。茎直立或斜升，高 30~80 厘米。基生叶具长柄，羽状复叶，小叶羽状全裂或深裂。花黄色，先端微带紫色。蒴果线形。花果期 5~7 月。

秦巴山区均产。

用作林下绿化，富有野趣。

蛇果黄堇植株

蛇果黄堇花序

蛇果黄堇果实

Cynanchum atratum 白薇 【萝藦科 Asclepiadaceae，(4)：144】

多年生直立草本，高 30~60 厘米。茎圆柱形。叶卵形或卵状长圆形。伞形聚伞花序，簇生在茎节四周，着花 8~10 朵，花深紫色。蓇葖果纺锤形。花期 4~8 月，果期 6~10 月。

产长安、周至、眉县、太白、凤县、柞水，生于海拔 650~1700 米间的山地草丛或林下。

观花观果，富有野趣。

白薇花序

白薇花枝

Cynanchum inamoenum 竹灵消 【萝藦科 Asclepiadaceae，(4)：143】

多年生直立草本，高 30~50 厘米。茎圆柱形。叶薄膜质，宽卵形。伞形聚伞花序，于近上部和先端腋生，着花 8~10 朵；花黄色。蓇葖果双生。花期 5~7 月，果期 7~10 月。

产秦巴山区，生于海拔 1240~2460 米间的山地林下或草丛。

富有野趣，适植于小品置石边。

竹灵消花序

竹灵消植株

Dianthus chinensis 石竹 【石竹科 Caryophyllaceae，(2)：216】

多年生草本，全体带粉绿色。茎簇生，直立，高30~75厘米。叶线状披针形。花单生或成疏聚伞花序；花瓣瓣片近三角形，先端齿裂，淡红色、白色或粉红色，下部具长爪。蒴果圆管形。花期7~8月，果期8~9月。

产秦岭山地，生于海拔540~1700米间的向阳山坡草地。

观赏花卉，园林中可用于花坛、花境、花台或盆栽，也可用于岩石园和草坪边缘点缀。

石竹植株

石竹花朵

Dianthus superbus 瞿麦 【石竹科 Caryophyllaceae，(2)：217】

多年生草本。茎簇生，高25~65厘米。叶线状披针形，全缘。花单生或数朵集为稀疏圆锥状聚伞花序；花瓣淡红色，瓣片深裂成线形，裂深达中部或中部以下，基部具长爪。蒴果圆筒形。花期7~8月，果期8~9月。

产秦巴山区，生于海拔780~3300米间的山坡草地、林缘、溪岸。

圆锥状聚伞花序，可布置花坛、花境或置石边。

瞿麦花朵

瞿麦植株

Dichocarpum fargesii 纵肋人字果【毛茛科 Ranunculaceae，(2)：233】

植株高 15~30 厘米。基生叶数片，具长柄，为三出复叶；茎生叶多数，对生。二歧聚伞花序；萼片白色，倒卵状椭圆形。蓇葖果线形。花期 4~5 月，果期 5~7 月。

产长安、宁陕、佛坪、旬阳、平利、岚皋、镇坪，生于海拔 1300~1800 米间的山坡草地或林下。

可用于林下栽植。

纵肋人字果花朵

纵肋人字果群落

Dictamnus dasycarpus 白鲜 【芸香科 Rutaceae，(3)：131】

白鲜花朵

多年生草本，高 50~100 厘米。小叶 9~13，对生，纸质，卵形或卵状披针形。总状花序，花大型，白色或粉红色。花期 5~7 月，果期 7~8 月。

产华阴、蓝田、长安、户县、周至、眉县、太白、宝鸡、凤县，生于海拔 700~1800 米间的山坡草地或灌丛下。

花形美丽，可用于庭园观赏。

白鲜植株

Disporum cantoniense 山竹花 （万寿竹）【百合科 Liliaceae，（1）：351】

直立草本，茎通常细瘦，有分枝，高达 1 米。叶具短柄或近无柄，薄纸质，长椭圆形或披针形。花紫红色，下弯，通常 2~4，集为伞形花序，花序与叶对生。浆果肉质，黑色。花期 5~6 月，果期 8~9 月。

产秦巴山区，较常见，生于海拔 650~2500 米间的山地林下或草丛。

观赏花卉，园林中可用于花坛、花境。

山竹花植株

山竹花花枝

山竹花花序

Epilobium hirsutum 柳叶菜

【柳叶菜科 Onagraceae，(3)：353】

柳叶菜植株

多年生草本，高 50~100 厘米。茎上部分枝。下部和中部叶对生，上部叶互生，长圆形至椭圆状披针形。花单生于上部叶腋，淡红色或紫红色。蒴果圆柱形。花期 7~9 月。

产秦巴山区，较常见，生于海拔 350~1650 米间的山沟溪旁或湿地。

富有野趣，可片植于路边、置石边。

柳叶菜花朵

Epimedium brevicornu 短角淫羊藿

【小檗科 Berberidaceae，(2)：326】

茎直立，高 30~60 厘米。叶基生或茎生，通常为二回三出复叶，基生叶 1~3 枚，茎生叶 2 枚；小叶纸质，卵形或宽卵形。圆锥花序顶生，具多数花；花白色，内轮萼片花瓣状，白色或淡黄色。蒴果近圆柱形；种子暗红色，有肉质假种皮。花期 5~7 月，果期 6~8 月。

产秦岭山地，生于海拔 720~2300 米间的林下或灌丛，较常见。

花小，似星星点缀，可用于小品或置石边，富有野趣。

短角淫羊藿花序

短角淫羊藿植株

Epipactis mairei 火烧兰 【兰科 Orchidaceae，（1）：413】

火烧兰花朵

粗壮草本，高可达60厘米。茎直立或斜生。叶7~8片或更多。总状花序具十余朵花；花中等大小，紫红色。花期7~8月。

产秦巴山区，生于海拔1400~2700米间的山地草丛、灌丛或林下。

蕙质兰心有气质，可植于林下。

火烧兰植株

Fragaria pentaphylla 五叶草莓 【蔷薇科 Rosaceae，（2）：545】

草本，高7~15厘米。茎直立，显著长于基生叶。羽状复叶具小叶5片，小叶片倒卵形。伞房花序具花（2）3~5朵；花瓣白色，近圆形。聚合果卵形，白色；萼裂片反折。花期4~5月，果期6月。

产华阴、眉县、安康、平利、南郑，生于海拔600~1250米间的山沟草地或山坡疏林下。

观果植物，而且果肉味美。

五叶草莓植株

五色草莓花朵

五叶草莓果实

Gentiana macrophylla 秦艽 【龙胆科 Gentianaceae，(4)：112】

秦艽花朵

多年生草本。茎圆柱形，高 20~60 厘米，基部为残叶纤维所包围。基生叶莲座状；茎生叶对生，基部连合，叶片披针形或长圆状披针形。聚伞花序，簇生于茎顶，呈头状或腋生呈轮状；花冠筒状钟形，蓝色或蓝紫色。蒴果长圆形。花期 6~8 月，果期 9~10 月。

产周至、眉县、凤县、太白、佛坪，生于海拔 1000~3700 米间的山坡草地或林缘。

富有野趣，可栽植于水边。

秦艽植株

Gentiana rhodantha 红花龙胆 【龙胆科 Gentianaceae，(4)：109】

红花龙胆植株

多年生草本，高 40~60 厘米。茎直立，通常紫红色。叶对生，革质，卵形或卵状三角形。单花，顶生或腋生，淡紫红色，带有深紫色条纹。蒴果长圆形。花期 9~10 月，果期 11 月。

产蓝田、周至、商南、丹凤、山阳、旬阳、镇坪、西乡、城固、南郑、勉县、略阳、宁强，生于海拔 400~1900 米间的山地草丛或灌丛下。

朴实而幽静，适宜用于花坛、花境。

红花龙胆花朵

Geranium rosthornii 湖北老鹳草 【牻牛儿苗科 Geraniaceae，B：195】

湖北老鹳草群落

湖北老鹳草花朵

多年生草本。茎高 30~50 厘米，有分枝。叶掌状 5~7 深裂，裂片菱状倒卵形。花瓣宽倒卵形，紫红色，有爪和长毛，具特细脉纹。花期 6~8 月，果期 8~9 月。

产户县、眉县、太白、宁陕、岚皋、平利、镇坪、佛坪、镇巴，生于海拔 550~2900 米的草地、灌丛或林下。

可用于花境，片植观花，似繁星点点。

Gueldenstaedtia verna 少花米口袋 【豆科 Fabaceae】

短缩茎丛生在根颈上。奇数羽状复叶在早春时长 2~5 厘米，花期后可长至 15 厘米左右，夏秋间有时可达 23 厘米；小叶 11~21，宽椭圆形至长圆形，卵形至长卵形。伞形花序，有花 2~8；花冠紫红色、蓝紫色。荚果圆柱状。花期 4~6 月，果期 5~6 月。

产秦岭山地，生于海拔 400~1500 米间的山坡、草地、田边或路旁。

低矮匍匐地被，可用于坡地、林下栽植。

少花米口袋果实

少花米口袋植株

Helleborus thibetanus 铁筷子 【毛茛科 Ranunculaceae，(2)：232】

草本。茎高 30~50 厘米，基部具膜质鳞片。基生叶 1~2 片，具长柄，叶片轮廓心形，鸟足状 3 全裂；茎生叶具鞘状短柄或几无柄，叶片较基生叶小，3 全裂。花粉红色，单生。蓇葖果扁，近长圆形。花期 4 月，果期 5 月。

产秦巴山区，生于海拔 1200~3000 米间的山地林下。

植株低矮，叶色墨绿，花及叶均奇特，是美丽的地被植物材料。

铁筷子植株

铁筷子花朵

Hemerocallis fulva 萱草 【百合科 Liliaceae，(1)：331】

萱草植株

萱草花序

多年生草本。叶基生，线状披针形，背面带白粉。花茎比叶长，高可达 1 米；花序半圆锥状，具 6~12 花，花梗短；花橘黄色或橘红色。蒴果具数粒种子。花期 6~7 月。

产秦巴山区，较常见，生于海拔 500~2100 米的山地林下或草丛。

花色鲜艳，绿叶美观，园林中多丛植或于花境、路旁栽植。

萱草花朵

Hemiphragma heterophyllum 鞭打绣球 【玄参科 Scrophulariaceae，(4)：329】

铺散匍匐草本，全株被短柔毛。茎纤细，节上生根。叶 2 型，主茎上的叶对生，卵形、心形至肾形；分枝上的叶簇生，稠密，针状。花单生叶腋；花冠白色或玫瑰红色，辐射对称。蒴果球形，红色，近肉质。花期 6~7 月，果期 9~10 月。

产太白山、宁陕、凤县、化龙山，生于海拔 1600~2500 米间的山地草丛中。

匍匐地被，可用于岩石边或盆景点缀。

鞭打绣球果实

鞭打绣球群落

Heracleum moellendorffii 短毛独活 【伞形科 Apiaceae，(3)：430】

短毛独活花序

植株高达 1.5 米。茎直立，上部分枝。下部叶有长柄，叶片轮廓宽卵形，三出式羽状全裂，小叶 3~5；上部叶有宽鞘，逐渐简化。复伞形花序顶生和侧生；小伞形花序有 20 余花；花白色。果实长圆状倒卵形。花期 7 月，果期 8~9 月。

产秦巴山区，较常见，生于海拔 1100~3250 米间的山草丛或疏林下。

复伞形花序，可丛植或片植于路边。

短毛独活植株

Hosta ventricosa 紫玉簪【百合科 Liliaceae，(1)：330】

叶基生，卵形或菱状卵形，侧脉 7 对；叶柄较粗壮，具翅。花茎长达 70 厘米，叶状总苞狭卵形，总状花序具多数花；花被淡蓝紫色，管部狭细，上部井扩成钟状。蒴果。花期 7 月。

产宁陕、平利、岚皋、镇坪、洋县，生于海拔 960~2000 米间的山地林下。

亭亭玉立，可用于林下栽植或花境使用。

紫玉簪花序

紫玉簪植株

Houttuynia cordata 蕺菜（鱼腥草）【三白草科 Saururaceae，(2)：11】

植株有腥臭气味。茎单生，高 30~50 厘米，幼时常紫红色。单叶。花序圆柱形，紧密。蒴果壶形。花期 5~7 月，果期 7~9 月。

产秦巴山区，较为普遍，生于海拔 400~1880 米的山地林下、阴湿草地或水田埂上。

地被植物，可带状丛植于溪沟旁，或群植于林下。

蕺菜花序

蕺菜植株

Hylomecon japonicus 荷青花 【罂粟科 Papaveraceae，(2)：361】

多年生草本，高 15~25 厘米。茎直立。基生叶为奇数羽状复叶，小叶 5 片，宽披针形、长倒卵形或菱状卵形；茎生叶常 2 枚。花金黄色，直径 3~4 厘米，多呈聚伞花序。蒴果细圆柱形。花期 4~5 月，果期 5~6 月。

产眉县、周至、柞水、宁陕、石泉、佛坪、岚皋、镇坪，生于海拔 1300~2000 米间的山地阴湿处或林下。

观花观叶，可用于地被栽植。

荷青花花朵

荷青花群落

Hylotelephium verticillatum 轮叶八宝 【景天科 Crassulaceae，B：171】

轮叶八宝植株

多年生草本，高 30~60 厘米。茎直立，不分枝。叶 3~5 片轮生，稀兼互生，卵形、宽披针形或长圆形，长 3~8 厘米。花序聚伞状伞房形，着花多数，颇密集；花瓣淡绿白色。花期 5~6 月，果期 9 月。

产秦巴山区，生于海拔 1300~2850 米间的山地林下、草丛阴湿处。

花序聚伞状伞房形，使用于地被栽植，衬托花境。

轮叶八宝花序

Hypericum ascyron 黄海棠 【藤黄科 Clusiaceae，（3）：303】

多年生草本，高达 1 米。茎直立，有 4 棱。叶对生，宽披针形，基部抱茎。花数朵成顶生聚伞花序；花大，黄色，直径 2.8 厘米。蒴果圆锥形。花期 7 月，果期 9 月。

产秦巴山区，较普遍，生于海拔 400~2600 米间荒野、山地灌丛或林缘。

花形美丽大方，可用于庭院绿化。

黄海棠花朵

黄海棠植株

Inula japonica 旋覆花 【菊科 Asteraceae，(5)：207】

旋覆花植株

多年生草本。茎直立，单生或2~3株簇生，高30~70厘米。下部叶通常宿存，向上渐次缩小，椭圆形、长圆形至长圆状披针形。头状花序5~13排列成伞房状，直径2~4厘米；总苞半球形；雌花舌状，黄色，中下部为管状；两性花筒状。瘦果。花期6~10月，果于花后渐次成熟。

产华县、长安、眉县、太白、宝鸡、凤县、佛坪、洋县、勉县、宁强、南郑、平利，生于海拔340~1500米间的山坡草地或林缘。

花色鲜艳，可用作草地镶边植物。

旋覆花花朵

Iris japonica 蝴蝶花 【鸢尾科 Iridaceae，（1）：385】

蝴蝶花花朵

茎直立，高 30~60 厘米，具条棱。叶剑形。花茎高出于叶，顶生稀疏总状花序；花淡紫色，外轮花被片倒宽卵形，下部淡黄色，中部具鸡冠状突起，内轮花被片狭倒卵形。蒴果倒卵状圆柱形或倒卵状。花期 6~7 月。

产华阴、眉县、石泉、安康、平利、岚皋、镇坪、镇巴、城固、南郑、宁强，生于海拔 600~1500 米间的山地草丛或林下。

花美丽飘逸，可用于孤植、对植等。

蝴蝶花群落

Kinostemon ornatum 动蕊花 【唇形科 Lamiaceae,（4）: 211】

多年生直立草本。茎高 50~ 100 厘米。叶卵状披针形至长圆状线形。轮伞花序 2 花，多数组成顶生或腋生的总状花序；花冠紫色，上唇 2 裂，下唇 3 裂。花期 6~7 月，果期 8~9 月。

产太白、宁陕、石泉、紫阳、平利、岚皋、佛坪、南郑，生于海拔 1180~2100 米间的山坡或山沟林下。

花冠紫色，清纯可人，可栽植于林下。

动蕊花花序

动蕊花植株

Lathyrus pratensis 牧地山黧豆 【豆科 Fabaceae,（3）: 100】

牧地山黧豆植株

多年生草本，高 30~100 厘米。茎多分枝，上升、平卧或攀缘。小叶披针形或长圆状披针形，有 3 条明显的纵脉。腋生总状花序，具 5~8 花；花冠黄色。荚果圆筒状，黑色。花期 6~9 月，果期 7~10 月。

产周至、眉县、太白、宝鸡、凤县、佛坪、宁陕、岚皋，生于海拔 1000~2800 米间的草地、灌丛、林下或河岸。

花形小巧，可栽植于林下。

牧地山黧豆花序

Leibnitzia anandria 大丁草 【菊科 Asteraceae，B：340】

植株分春型和秋型，春型株高 8~27 厘米，秋型株高达 55 厘米。叶薄纸质，叶片宽卵状或倒披针状长圆形；春型叶小。花茎 1~3，头状花序顶生；春型舌状花紫色，秋型株仅具筒状花。果实纺锤形，冠毛污白色。花期 3~7 月，果期 5~11 月。

秦巴山区均产，较常见，生于海拔 600~2750 米间的草地或林缘。

观花观果，可作林下地被。

大丁草果序

大丁草植株

Ligularia dolichobotrys 太白山橐吾 【菊科 Asteraceae，(5)：230】

茎高 40~100 厘米。基部叶片薄纸质，心形或心状椭圆形；中部叶与基部叶近相等；上部叶较小。头状花序多数，在茎端排列成狭总状；花黄色；舌状花 2~3；筒状花通常 3。果实长圆形，冠毛淡红褐色。花期 6~8 月，果期 9 月。

产户县、周至、眉县、太白、佛坪、宁陕、丹凤，生于海拔 1600~3100 米间的山地草丛或林下。陕西特有种。

富有野趣，适合栽于水边或林下。

太白山橐吾植株

太白山橐吾花序

Linaria vulgaris subsp. *sinensis* 柳穿鱼

【玄参科 Scrophulariaceae，(4)：328】

柳穿鱼植株

多年生草本。茎高 20~60 厘米，上部常分枝。叶互生或茎下部叶轮生，线形至线状披针形。总状花序顶生，花冠黄色。蒴果卵圆形。花期 7~8 月，果期 8~9 月。

产长安、周至、眉县、太白，生于海拔 420~1300 米间的草地或河岸。

花形别致，适宜作花坛及花境边缘材料。

柳穿鱼花序（少花类型）

柳穿鱼花序（多花类型）

Lithospermum erythrorhizon 紫草 【紫草科 Boraginaceae，(4)：177】

紫草植株

多年生草本。根含紫色物质。茎直立，高 40~80 厘米。叶披针形或狭披针形。聚伞花序果时延伸，长达 12 厘米，花冠白色。小坚果 4 个。花期 5~6 月，果期 7 月。

产华阴、蓝田、长安、留坝、佛坪、平利、山阳、商州，生于海拔 1200~2100 米间的山坡草地或灌丛下。

植株挺立，可作林下地被。

紫草花朵

Loxocalyx urticifolius 斜萼草 【唇形科 Lamiaceae，(4)：254】

多年生草本。茎高 1~1.3 米，多分枝。叶宽卵形、心状卵圆形至狭卵形或披针形。轮伞花序腋生，具 2~12 花；花冠粉红色、紫色或暗红色。小坚果长卵形，栗褐色。花期 7~8 月，果期 9 月。

产户县、眉县、太白、佛坪、洋县、南郑、宁陕、镇坪，生于海拔 1200~2300 米间的山地林下。

富有野趣，可栽植于林下。

斜萼草花序

斜萼草植株

Lychnis senno 剪秋罗 （剪红纱花）【石竹科 Caryophyllaceae，(2)：209】

多年生草本。茎高 60~80 厘米。叶卵状披针形或卵状椭圆形。花序顶生；花深红色，间或白色。蒴果圆柱形。花期 7~8 月，果期 9 月。

产秦巴山区，生于海拔 800~1800 米间的山坡草地或岩石上。

花形美丽，园林中多用于花坛、花境配置。

剪秋罗植株

剪秋罗花序

Lysimachia clethroides 珍珠菜 【报春花科 Primulaceae，(4)：50】

珍珠菜花期植株

珍珠菜果期植株

多年生草本。茎直立，高 40~100 厘米。叶互生，卵状椭圆形或宽披针形。总状花序顶生，初时花密集，后渐伸长；花冠白色，管状。蒴果球形。花期 4~7 月，果期 7~10 月。

产秦巴山区，很普遍，生于海拔 600~1900 米间的山坡草地、林缘或路旁。

富有野趣，可栽植于路边或林下。

Lythrum salicaria 千屈菜 【千屈菜科 Lythraceae，(3)：344】

多年生草本。地下茎粗壮。茎直立，四棱形或六棱形，高30~100厘米。下部叶对生，上部叶互生，广披针形至狭披针形。总状花序顶生；花堇紫色，数朵簇生于叶状苞腋内；花瓣6，紫色。蒴果椭圆形。花期7~9月。

产秦岭山地，生于海拔420~1800米间的荒野湿地或水边。

耸立清秀，可浅水岸边丛植或池中栽植。也可作花境材料。

千屈菜花期植株

千屈菜花朵

千屈菜花序

Maianthemum henryi 少穗花 （管花鹿药）【百合科 Liliaceae，（1）：348】

少穗花植株

多年生草本，高 40~70 厘米。茎单生。叶（5~）6~9（~10）片，卵状长椭圆形。花白色或淡黄色，排列成顶生、疏散、不分枝或二叉状的总状花序，有时分枝较多而近于圆锥状；花序长 10~25（30）厘米。浆果红色。花期 6~7 月。

产渭南、蓝田、户县、眉县、宝鸡、凤县、太白、佛坪、略阳、宁强、南郑、镇巴、洋县、宁陕、平利、岚皋、镇坪、柞水、镇安，生于海拔 1100~2500 米间的山地林下。

夏花红果，可用于林下地被。

少穗花花朵

Maianthemum japonica 鹿药 【百合科 Liliaceae，（1）：349】

植株高达 40 厘米；茎单生，密生粗毛。叶互生，具短柄，卵状椭圆形或广椭圆形抑或狭长椭圆形。花小型，白色；花被片 6。果实初期绿色，后变为红色或淡黄色。花期 5~6 月，果期 8 月。

产秦巴山区，生于海拔 1000~2400 米间的山地林下。

叶大，可用于地被覆盖。

鹿药果期植株

鹿药花期植株

Meconopsis oliveriana 柱果绿绒蒿 【罂粟科 Papaveraceae，(2)：363】

多年生草本，高 50~70 厘米。茎直立。叶互生，羽状全裂，外轮廓卵形或长卵形，羽片 3~5 个。花黄色，1~2 朵生于小枝顶端；花瓣 4，宽卵形。蒴果狭圆柱形。花期 7 月，果期 8 月。

产户县、周至、眉县、柞水、宁陕、太白、佛坪、洋县、略阳等地，生于海拔 1100~2500 米间的山地林下。

夏季开花，花小而可爱，可用于林下地被。

柱果绿绒蒿花朵

柱果绿绒蒿花期植株

Medicago ruthenica 花苜蓿 (扁蓿豆、野苜蓿)【豆科 Fabaceae，*Melissitus ruthenica*，(3)：23】

多年生草本，高 30~80 厘米。茎多分枝。托叶披针形；小叶广椭圆形、倒卵形或倒披针形、长圆状楔形、线状楔形。总状花序腋生，具 3~10 (~12) 花；花冠污黄色有紫色脉纹，或紫色、棕黄色。荚果扁平而直。花期 6~8 月，果期 8~10 月。

产宝鸡、太白，生于海拔 600~1650 米间的草地、河滩或荒坡。

匍匐生长，地表侵占能力强，既是优良的豆科牧草，又可作为园林地被使用。

花苜蓿果实

花苜蓿花序

Meehania henryi 龙头草 【唇形科 Lamiaceae，（新分布）】

多年生草本，高 9~25 厘米。茎不分枝。上部有 2~3 对叶，纸质或稍肉质，宽卵形。花成对生于茎先端叶腋；花冠紫色或粉红色。花期 7~8 月，果期约在 9 月。

产平利、岚皋，生于海拔 1450~2000 米间的山地林下。

可用于花坛、花境，或片植成花海。

龙头草花序

龙头草植株

Mimulus szechuanensis 四川沟酸浆 【玄参科 Scrophulariaceae，（4）：319】

多年生直立草本。茎四棱形，高 20~50（60）厘米，常分枝。叶卵形或卵状长圆形。花单生于叶腋；花冠黄色，喉部有紫斑。蒴果长圆形。花期 5~7 月，果期 7~8 月。

产户县、周至、眉县、凤县、太白、佛坪、洋县、宁陕、岚皋、镇坪、柞水、镇安，生于海拔 1100~2400 米间山地草丛或林下。

富有野趣，可作林下地被。

四川沟酸浆花朵

四川沟酸浆群落

Neottianthe cucullata 二叶兜被兰 【兰科 Orchidaceae，(1)：409】

植株高 10~15 厘米。茎纤细，中部至上部具 2~3 片鳞片状叶，基部具 2 片基生叶。叶卵形、披针形或狭椭圆形。花序总状，具数朵至十余朵花；花紫红色，通常排列于一侧；萼片与花瓣组成盔。花期 6~9 月。

产华山、太白山、庙王山、天竺山，生于海拔 1100~3000 米间的山地草丛或林下。

花形独特，可栽植于林下作为地被观赏。

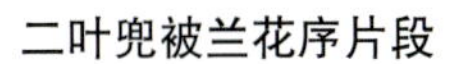

二叶兜被兰花序片段

二叶兜被兰植株

Orchis chusua 红门兰 (广布小红门兰)【兰科 Orchidaceae，(1)：397】

植株高 15~30 厘米。茎纤细，基部具数片膜质鞘。叶通常 2 片，线形、线状披针形或狭椭圆形。花序较短，苞片叶状，披针形；花粉红色或紫色或白色。蒴果直立，椭圆状。花期 7~8 月。

产宁陕、户县、柞水、太白山、辛家山，生于海拔 2600~3400 米间的山地草丛或林下。

富有野趣，花色较艳，可栽植于林下。

红门兰植株 (红花类型)

红门兰植株 (白花类型)

Oxalis griffithii 山酢浆草 【酢浆草科 Oxalidaceae，(3)：117】

多年生草本。根茎匍匐。叶基生；小叶倒三角形。花径约2厘米，单生；花瓣倒卵形，白色或淡黄色，有时紫红色。蒴果长圆形。花期4~5月，果期6~8月。

产周至、眉县、太白、凤县、柞水、宁陕、旬阳、岚皋、平利、镇坪、南郑，生于海拔710~2700米间的山地灌丛、林下或河岸。

花清雅，可栽植于小品或置石边点缀。

山酢浆草花朵

山酢浆草植株

Paeonia anomala 川赤芍

【毛茛科 Ranunculaceae（芍药科 Paeoniaceae），*P. reitchii*，（2）：225】

川赤芍花朵

草本，高 40~60 厘米。茎圆柱形。二回三出复叶，小叶片纸质，2~4 深裂。花常 2~3 朵生于茎顶，花瓣 7，朱红色。蓇葖果成熟后常反卷。花期 5~6 月；果期 7 月。

产秦岭山地，生于海拔 780~2900 米间的山地林下。

花形雍容华贵，可片植或丛植。

川赤芍群落

Paeonia mairei 美丽芍药 【毛茛科 Ranunculaceae，（2）：227】

草本，高 40~80 厘米。茎圆柱形。二回三出复叶；小叶片倒卵状长圆形至长圆状披针形。花顶生，直径 8~9 厘米；花瓣 7~9，粉红色，倒卵状椭圆形或倒卵状长圆形。蓇葖果倒卵形，深绿色。花期 5 月，果期 6~7 月。

产秦巴山区，生于海拔 1000~2000 米间的山地林下阴湿处。

花朵大，花色艳丽，可作花境材料，或丛植观赏。

美丽芍药花朵

美丽芍药植株

Paris polyphylla 重楼 （七叶一枝花）【百合科 Liliaceae，（1）：354】

茎通常高 30~75 厘米，直立。叶片通常 9~11 片轮生，长圆形或倒披针形，长 8~16 厘米，宽 2~3.5 厘米。花梗通常长达十多厘米；外轮花被片 4~6（~8）枚，绿色，具 3 脉；内轮被片黄绿色。果成熟时绿带紫色，种子红色。花期 5~6 月，果期 8~9 月。

产秦巴山区，较常见，生于海拔 1000~2400 米间的山地林下。

叶形优美，可作林下地被。

重楼花朵

重楼植株

Parnassia delavayi 突隔梅花草（芒药苍耳七）【虎耳草科 Saxifragaceae，B：177】

多年生草本；花茎数枚斜上生长，高 15~20 厘米，在中部或中上部具 1 叶。茎生叶无柄；基生叶具长柄，通常较茎生叶为大；叶片心形、肾形或近圆形。花白色，单生于花茎顶端。蒴果比萼片稍短，扁卵形。花期 7~8 月，果期 9 月。

产渭南、户县、眉县、丹凤、山阳、柞水、宁陕、紫阳、岚皋、佛坪、太白、略阳，生于海拔 1800~3000 米间的山地林下、草地。

花形清雅，可作为林下地被。

突隔梅花草花朵

突隔梅花草植株

Parnassia wightiana 鸡肫草【虎耳草科 Saxifragaceae，B：177】

草本。花茎直立，高 20~40 厘米，中部或稍近上部生 1 叶。茎生叶无柄，基生叶具长柄，圆心形或肾形。花白色，单生于花茎顶端，直径 2~3 厘米。蒴果近球形。花期 7~8 月，果期 8~9 月。

产长安、周至、眉县、宝鸡、太白、凤县、留坝、佛坪、南郑、宁陕、紫阳，生于海拔 1300~2500 米间的山地疏林下、草丛。

植株矮小，富有野趣。

鸡肫草花朵

鸡肫草植株

Patrinia heterophylla 异叶败酱 【败酱科 Valerianaceae，(5)：89】

株高 30~90 厘米。茎直立，少分枝。基生叶丛生，具长柄；叶片卵形或通常有 2~3 对羽状深裂；茎生叶对生，变异较大；叶片 3~7 对羽状深裂。花黄色，组成顶生或腋生密聚伞花序；花萼不明显；花冠筒状。果实长圆形或倒圆形。花期 7~8 月，果期 9~10 月。

秦巴山区均产，分布普遍，生于海拔 420~2100 米间的草地、田边、灌丛或林缘。

富有野趣，适合栽植于坡地、林间空地。

异叶败酱幼果和花

异叶败酱植株

Pedicularis muscicola 藓生马先蒿 【玄参科 Scrophulariaceae，(4)：351】

多年生草本。茎丛生，长达 30 厘米，在中间者直立，在外围者多弯曲上升或倾卧。叶椭圆形至披针形，羽状全裂，裂片 4~9 对常互生。花腋生，自基部即开始着生；花冠紫红色，筒长 4~6 厘米，盔几在基部即向左方扭折使其顶部向下。蒴果偏卵状。花期 5~7 月，果期 8 月。

产华阴、眉县、太白、宝鸡、凤县、佛坪、宁陕、岚皋、镇安，生于海拔 1200~3200 米间的山地草丛或林下。

富有野趣，适合栽植于置石边点缀。

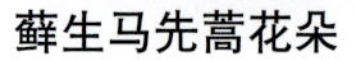

藓生马先蒿花朵

藓生马先蒿植株

Pedicularis resupinata 返顾马先蒿

【玄参科 Scrophulariaceae，(4)：352】

返顾马先蒿植株

返顾马先蒿花序

多年生草本，高 30~70 厘米。茎单生，上部多分枝。叶互生或有时下部甚至中部对生，卵形至长圆状披针形。花单生于茎枝先端的叶腋中，呈总状花序；花冠淡紫红色，自基部即向右扭旋，使下唇及盔部成回顾状。蒴果斜长圆状披针形。花期 6~8 月，果期 7~9 月。

秦巴山区均产，很普遍，生于海拔 600~2500 米间的山地草丛或疏林下。

花色鲜艳，花形有趣，可作为花境、花带使用。

Petasites tricholobus 毛裂蜂斗菜

【菊科 Asteraceae，(5)：281】

花茎高 25~50 厘米。中部叶苞片状，卵状披针形至披针形；基部叶后出，叶片肾形或近肾状圆形。头状花序，总苞片 1 层，披针形；雌花与两性花异株，或近雌雄异株。冠毛白色。花期 3~4 月，果期 4~5 月。

产秦巴山区，生于海拔 680~1800 米间的山地林下、灌丛、草丛或溪旁等潮湿处。

用于湿地或林下，早春观花植物。

毛裂蜂斗菜植株

毛裂蜂斗菜花序

Phedimus aizoon 费菜 【景天科 Crassulaceae，B：171】

多年生草本，高 24~40 厘米。茎直立。叶互生，宽卵形、披针形或倒披针形。花序伞房状聚伞形，顶生，着花较密；花瓣黄色，长圆形或卵状披针形。蓇葖果。花期 6~7 月，果期 8~9 月。

秦巴山区均产，很普遍，生于海拔 680~2900 米间的山坡荒野、田埂或林下岩石上。

耐旱耐贫瘠，适应性极强，可作地被植物。

费菜花序

费菜植株

Phlomis megalantha 大花糙苏 【唇形科 Lamiaceae，（4）：245】

多年生草本。茎直立，高 15~50 厘米。叶卵圆形或卵状长圆形。轮伞花序多花，1 或 2 轮着生于茎顶；花冠黄色至白色。小坚果褐色。花期 6~8 月，果期 9~10 月。

产户县、周至、眉县、宝鸡、太白、佛坪、柞水，生于海拔 2400~3000 米间山地林下阴湿处。

轮伞花序，富有野趣。

大花糙苏花序

大花糙苏植株

Phyllolobium chinense 背扁膨果豆

（扁茎黄芪 *Astragalus complantus*）【豆科 Fabaceae,（3）：58】

多年生草本。茎丛生，通常平卧。奇数羽状复叶；小叶 9~21，椭圆形或卵状椭圆形。总状花序腋生，具花 3~7；花冠苍白色、紫色。荚果纺锤形。花期 7~9 月，果期 8~10 月。

产华阴、宝鸡、凤县，生于海拔 420~1400 米间的山坡草地。

观花观果，富有野趣。

背扁膨果豆植株

背扁膨果豆花序

背扁膨果豆果序

Physalis alkekengi var. *francheti* 挂金灯 【茄科 Solanaceae，(4)：298】

多年生草本，高 20~80 厘米。茎直立。茎下部叶互生，上部叶假对生，长卵形、宽卵形或菱状卵形。花单生于叶腋；花萼钟状，5 裂；花冠辐状，5 裂，白色。浆果球形，熟后橙红色，包藏于膨大的宿萼内，果萼卵形，果期膨胀成灯笼状，红色或橙色。花期 5~7 月，果期 7~9 月。

产秦巴山区，生于海拔 600~2780 米间的山地草丛或灌丛下。

花萼钟状，趣味性强，适合作盆景观赏。

挂金灯果序

挂金灯果期植株

Phytolacca acinosa 商陆 【商陆科 Phytolaccaceae，(2)：188】

商陆果序

多年生草本，高达 1 米。茎圆柱形，绿色或微带紫红色。叶片椭圆形或长椭圆形。花两性；总状花序直立，顶生或伪侧生，常与叶成对；萼片 5，白色，后期变成粉红色。果实扁球形，紫黑色。花期 5~7 月，果期 8~9 月。

产秦巴山区，生于海拔 500~2000 米间的山地林下、林缘、路旁。

观果，富有野趣。

商陆植株

Platanthera chlorantha 二叶舌唇兰 【兰科 Orchidaceae，(1) : 401】

植株高 35~50 厘米。茎直立，中部通常具数片鳞片状叶，基部具 2 片基生叶。叶椭圆形、狭椭圆形或倒披针状椭圆形。总状花序顶生，具十余朵花；花白色。蒴果有喙。花期 6 月。

产华山、太白山、天竺山，生于海拔 1000~2000 米间的山地林下。

花形高洁清雅，可用于花境或盆景观赏。

二叶舌唇兰植株

二叶舌唇兰基生叶

二叶舌唇兰花朵

Pleione bulbocodioides 独蒜兰 【兰科 Orchidaceae，(1)：424】

多年生草本，冬季落叶并以假鳞茎过冬。假鳞茎较狭小，长约 3 厘米。叶 1 片，生于假鳞茎顶端，狭椭圆状披针形，长可达 10 厘米，宽 2 厘米。花茎几与叶同时抽出，直立，顶生 1 花；花近直立，粉红色或朱红色。蒴果近直立。花期 7 月。

产太白山、柞水、宁陕、平利、镇坪、佛坪、洋县，生于海拔 1400~2400 米间的山地林下。

富有野趣。

独蒜兰单株

独蒜兰群落

Polemonium chinense 中华花荵 【花荵科 Polemoniaceae，B：288】

多年生草本，高 70~90 厘米。茎单一。奇数羽状复叶，具 15~21 片小叶，长圆形至披针形。花序圆锥状，疏松，顶生；花萼筒状，花冠钟状，蓝色，裂片圆形。蒴果卵形。花期 6~8 月，果期 8~9 月。

产渭南、长安、眉县、太白、凤县、佛坪、柞水、平利、岚皋、镇坪，生于海拔 1100~2800 米间的山地林下或草丛。

花序圆锥状，疏松，具有一定观赏性。

中华花荵花朵

中华花荵植株

Polygala japonica 瓜子金 【远志科 Polygalaceae，(3)：156】

多年生草本，高 10~30 厘米。茎丛生，铺散，多分枝。叶互生，卵状披针形或椭圆形。总状花序腋生，长 1~3 厘米，具数花；花淡紫色。蒴果倒心脏形，扁平。花期 5~7 月，果期 8~9 月。

产秦巴山区，生于海拔 250~1750 米间的山坡草丛、路旁或灌丛下。

富有野趣，适合栽于乡间田埂路边。

瓜子金花序

瓜子金植株

Polygonatum odoratum 玉竹 【百合科 Liliaceae，(1)：343】

茎直立或稍倾斜，高 30~50 厘米。叶片椭圆形至卵状椭圆形，基脉 5~7 出。花单一或双生于叶腋，花被筒白色。浆果球形，成熟时黑色。花期 5~6 月，果期 8~9 月。

产秦巴山区，生于海拔 700~2850 米间的山地灌丛、草丛或林下。

叶形优美，可作林下地被。

玉竹果期植株

玉竹花期植株

Polygonum viviparum 珠芽蓼（珠芽拳参）【蓼科 Polygonaceae，(2)：160】

多年生草本，高 10~35 厘米。茎直立，常 2~3 个自根状茎生出。花序穗状，顶生；苞中着生 1 个珠芽或 1~2 朵花；珠芽圆卵形，常着生于花穗下部；花被白色或粉红色，5 深裂。果实深褐色。花期 5~6 月，果期 7~8 月。

产秦巴山区，分布于海拔 1500~3000 米间的山地林下湿地或溪旁。

花序穗状，富有野趣。

珠芽蓼花序（上部为花，下部为珠芽）

珠芽蓼植株

Potentilla ancistrifolia 皱叶委陵菜【蔷薇科 Rosaceae，(2)：558】

多年生草本，高达 25 厘米。茎丛生。羽状复叶，有小叶（5）7~9 片，质厚，卵形或椭圆状卵形。伞房状聚伞花序具多数花；花径 1~1.5 厘米；花瓣黄色，近圆形或宽倒卵形。花期 5~6 月。

产秦巴山区，生于海拔 630~2700 米间的山坡草地、灌丛或林下岩石上。

小黄花趣味十足，可作低矮地被或花境边缘材料。

皱叶委陵菜花朵

皱叶委陵菜植株

Potentilla chinensis 委陵菜 【蔷薇科 Rosaceae，(2)：555】

多年生草本。茎丛生，直立或斜展，高 20~60 厘米。羽状复叶，基生叶丛生，具小叶 15~29 片；茎生叶具短柄渐至无柄，有小叶 7~15 片。伞房状聚伞花序具多数花朵，较紧密；花瓣黄色，宽倒卵形或近圆形。瘦果无毛。花果期 6~8 月。

秦巴山区均有分布，很普遍，生于海拔 580~1800 米间的草地、河滩、灌丛或林缘。

富有野趣，可作地被。

委陵菜叶背面

委陵菜植株

Primula knuthiana 阔萼粉报春 【报春花科 Primulaceae，(4)：35】

多年生草本。叶膜质，长圆状卵形或披针形。花葶高 5~30 厘米；伞形花序 1 轮，着花 2~30 朵；花冠蓝紫色或淡紫色，高脚碟状。蒴果近球形。花期 4~7 月，果期 8~9 月。

产眉县、宝鸡、太白，生于海拔 1400~2860 米间的山地林下或岩石上。

开花早，可用于路边或水边栽植，也是一种花境材料。

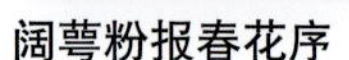

阔萼粉报春花序

阔萼粉报春植株

Primula odontocalyx 齿萼报春 【报春花科 Primulaceae，(4)：37】

齿萼报春花朵

多年生草本。叶薄膜质，长圆形或匙形。花葶高 5~15 厘米，伞形花序 1 轮，着花 2~8 朵；花冠高脚碟状，紫红色或淡紫色。蒴果球形。花期 4~5 月，果期 6~7 月。

产宁陕、平利、岚皋、镇坪、太白、凤县、南郑，生于海拔 1200~2400 米间的山地林下。

花形小巧美丽，可用于水边栽植。

齿萼报春植株

Pulsatilla chinensis 白头翁

【毛茛科 Ranunculaceae，(2)：285】

植株高 15~40 厘米。叶基生，一至二回三出复叶，小叶 3 深裂，裂片倒卵形。花茎单一，直立；花单生，大形，先叶开放；萼片花瓣状，紫色，卵形或狭卵形。瘦果多数，具白色羽状毛。花期 3~4 月，果期 4~5 月。

秦巴山区均产，较普遍，生于海拔 400~1500 米间的向阳山坡草地。

观花观果，可用于林间空地栽植，也可用于花境。

白头翁花期植株

白头翁果期植株

Pyrola calliantha 鹿蹄草 【杜鹃花科 Ericaceae，B：264】

鹿蹄草花序

常绿草本，植株高 20~35 厘米；根状茎长，横生，斜升，基生叶 4~10 片，革质，卵圆形至圆形。花葶有苞片 1~2 片；总状花序，花多数密生；花瓣白色或稍带粉红色，卵圆形。蒴果扁圆球形。花期 5~7 月；果期 7~10 月。

分布于巴山北坡的镇巴、平利、镇坪等地。

耐阴性强，可用作林下地被。

鹿蹄草群落

Rehmannia piasezkii 裂叶地黄 【玄参科 Scrophulariaceae，(4)：342】

多年生草本，高 30~80(100）厘米。茎直立，通常单生。基生叶数片，倒卵状椭圆形，羽状深裂；茎生叶向上渐小。总状花序顶生，疏花，长达 20 厘米；花冠紫红色，长达 6.5 厘米。蒴果卵圆形。花期 5 月，果期 8 月。

产山阳、石泉、旬阳、安康、平利、岚皋、西乡、汉中，生于海拔 340~1500 米间的山坡草地。

花冠紫红色，富有野趣。

裂叶地黄植株

裂叶地黄花朵

裂叶地黄花序

Rodgersia aesculifolia 索骨丹

（七叶鬼灯檠）【虎耳草科 Saxifragaceae，（2）：439】

索骨丹植株

直立草本，高 0.8~1.2 米。掌状复叶有长柄；基生叶叶柄长达 40 厘米，具小叶 5~7 片；茎生叶叶柄较短，基部抱茎，常具小叶 3 片。聚伞花序初为卷尾状，后开展为大型圆锥花序；花多数，密集。蒴果卵形，具喙。花期 6~7 月，果期 9~10 月。

产秦巴山区，较常见，生于海拔 1100~2600 米间的山地林下阴湿处或岩石上。

观花观叶，可用于林间空地栽植，丛植或片植。

索骨丹花序片段

索骨丹群落

Salvia maximowicziana 鄂西鼠尾草 【唇形科 Lamiaceae，(4)：260】

多年生草本，高 40~90 厘米。茎直立。叶纸质或薄纸质，卵圆形至长卵形，稀三角状宽卵形。轮伞花序通常 2 花，多数集成腋生或顶生的总状花序；花冠紫色或紫红色，长 3~4 厘米，冠筒直伸。小坚果卵圆形、近圆形或三棱状。花期 6~7 月，果期 8~9 月。

产眉县、太白、凤县、略阳、宁强、南郑、佛坪、宁陕、平利、岚皋、镇坪，生于海拔 1400~2900 米间的山林下阴湿处。

富有野趣，可用于林下栽植。

鄂西鼠尾草植株

鄂西鼠尾草花序

鄂西鼠尾草花朵

Saruma henryi 马蹄香

【马兜铃科 Aristolochiaceae，(2)：129】

马蹄香花朵

茎直立，不分枝或分枝，高约 50 厘米，有时可达 1 米，具纵沟，被灰褐色细毛。叶心形，具 3 条基出脉。花单生顶端，花梗长 3~5 厘米，花瓣黄色。蓇葖果。花期 5 月，果期 6~7 月。

产秦巴山区，生于海拔 1000~1600 米间的山地林下阴湿处。

观叶植物，可用作林下地被。

马蹄香植株

Saussurea iodostegia 紫苞风毛菊

（紫苞雪莲）【菊科 Asteraceae，（5）：347】

多年生草本，高 20~60 厘米。茎直立，单生。叶片线状长圆形；最上部叶椭圆形，苞叶状，紫色，膜质，近全缘。头状花序 4~7 生于茎尖密集成伞房状；总苞片 4 层，紫色；花冠紫色。果实长圆形。花期 8~9 月。

产户县、眉县、凤县，生于海拔 1800~3700 米间的山坡草地或林下。

富有野趣。

紫苞风毛菊头状花序

紫苞风毛菊植株

Saussurea populifolia 杨叶风毛菊【菊科 Asteraceae，(5)：357】

杨叶风毛菊头状花序

多年生草本，高 30~60 厘米。茎直立，单生或上部 1~5 分枝。叶片卵形或卵状心形。头状花序 1~5，单生于茎枝先端；小花多数，花冠紫色。果实近圆柱形。花期 7~9 月，果期 9~10 月。

产户县、眉县、太白、凤县、平利、岚皋、镇坪，生于海拔 2100~2900 米间的山地草丛或林缘。

花冠紫色，富有野趣，可片植。

杨叶风毛菊群落

Saxifraga melanocentra 黑蕊虎耳草 【虎耳草科 Saxifragaceae，(2)：435】

黑蕊虎耳草植株

多年生草本。花茎直立，高5~18厘米，紫红色。叶基生，呈莲座状，叶片卵形至三角状卵形。花序近伞房状，分枝，每枝具花1~3朵；萼片卵形，带紫色，花后反折；花瓣白色，卵形或卵圆形，内面基部有2个黄色斑点。蒴果长圆形。花果期7~8月。

产太白山、玉皇山，生于海拔3000~3700米间的高山草地。

花形奇特，富有野趣，适合植于水边、置石边。

黑蕊虎耳草花朵

Saxifraga stolonifera 虎耳草 【虎耳草科 Saxifragaceae，(2)：434】

多年生常绿小草本；匍匐茎细长，线状，赤紫色。叶通常数片基生，圆形或肾形，背面紫红色。花茎高10~30厘米，直立，分枝，具多数花朵；花序疏圆锥状，花瓣5，白色或微粉红色。蒴果卵圆形。花期5~8月，果期7~11月。

产秦巴山区，生于海拔650~2140米间的山地阴湿处。

地被植物，叶背面紫红色，可植于水边，盆栽使用。

虎耳草花朵

虎耳草植株

Sedum lineare 佛甲草 【景天科 Crassulaceae，(2)：424】

多年生草本，高 10~15 厘米。不育茎和茎均纤细。叶 3~4 片轮生或生于花茎上部的互生，线形至倒披针形。花序聚伞形，顶生，着花稀疏；花瓣黄色，椭圆状披针形。蓇葖果合成五角星状。花期 5~6 月，果期 7~8 月。

产秦巴山区，较常见，生于海拔 1000~2000 米间的山地岩石或沙土上。

花序聚伞状，适合屋顶绿化使用。

佛甲草花序

佛甲草植株

Silene fortunei 鹤草 【石竹科 Caryophyllaceae，(2)：213】

多年生草本。茎簇生，直立，基部半灌木状，高 50~100 厘米，上部常分泌黏汁。基生叶匙状披针形，茎上部叶披针形。聚伞花序顶生者近总状；萼筒质薄，长管形，常紫红色；花瓣淡红色，或近白色。蒴果长圆形。花期 7~8 月，果期 9~10 月。

秦巴山区均产，较普遍，生于海拔 400~1800 米间的山坡草地、灌丛或岩石上。

富有野趣，可用作郊野公园地被。

鹤草植株

鹤草花序

Sinojohnstonia moupinensis 短蕊车前紫草 【紫草科 Boraginaceae，（4）：185】

多年生草本。茎细弱，平卧或斜升，长 8~25 厘米。基生叶具长柄，心状卵形；茎生叶较小。聚伞花序顶生或腋生，稍疏松；花冠白色。小坚果 4 个，黑色，被短毛。花期 4~5 月，果期 6~7 月。

产长安、周至、眉县、太白、凤县、留坝、宁陕、镇坪，生于海拔 1200~2700 米间的山地林下阴湿处。

花冠白色，可用作地被栽植。

短蕊车前紫草花朵

短蕊车前紫草植株

Sophora flavescens 苦参 【豆科 Fabaceae，（3）：11】

多年生草本，高 1.5 米。奇数羽状复叶，小叶 25~29。花序顶生或侧生，长达 25 厘米，具多数花；花冠黄白色。荚果圆筒形，呈不明显的串珠状，黄绿色，疏被白色短毛。花期 5~6 月，果期 8~9 月。

产秦巴山区，生于海拔 620~1400 米间的山坡草地或灌丛中。

植株较高，可用作花境背景材料。

苦参花枝

苦参果枝

Spiranthes sinensis 绶草【兰科 Orchidaceae，(1)：419】

小草本，高 10~30 厘米。茎直立，细弱，基部具数片叶。叶线状披针形，向上渐小而成鞘。花序穗状，细弱，螺旋状扭转；花小，淡红色，钟状，常常偏于花序轴的一侧。蒴果。花期 6~8 月。

产秦巴山区，较常见，生于海拔 600~1300 米间的草地或林下。

植株直立，花序穗状，可用于郊野公园片植。

绶草植株

绶草花序

绶草花序片段

Stylophorum sutchuense 四川金罂粟 【罂粟科 Papaveraceae，（2）：360】

多年生草本，高 40~60 厘米，含黄色乳汁。茎单一或数个丛生。叶具柄，羽状深裂或全裂，具 4~8 对裂片。花黄色，数朵成顶生伞状。蒴果圆柱形。花期 4~5 月，果期 5~6 月。

产蓝田、户县、周至、眉县、山阳、镇安、宁陕、石泉、旬阳、太白，生于海拔 1100~1700 米间的山沟阴湿处。

早春地被花卉，可用于花境或郊野公园。

四川金罂粟花朵

四川金罂粟植株

Taraxacum mongolicum 蒲公英

【菊科 Asteraceae，(5)：398】

多年生草本。叶柄具翅，叶片宽倒卵状披针形或倒披针形。花葶与叶等长或稍长，上部紫黑色；舌状花多数，背面具紫红色条纹。果实稍扁，长椭圆形；冠毛白色，刚毛状。花期 4~9 月，果期 5~10 月。

秦巴山区均产，为习见杂草。

观花观果，富有野趣，可片植，或用于郊野公园。

蒲公英果期植株

蒲公英花期植株

Tephroseris flammeus 红轮狗舌草

【菊科 Asteraceae，*Senecio flammeus* 红轮千里光，(5)：305】

多年生草本。茎直立，高 20~80 厘米。下部叶基生，具长柄，长圆形或倒披针状长圆形；中部叶互生，无柄，长圆形；上部叶小，线形。头状花序 3~8（15）个，排列成假伞房状；舌状花橙黄色或红黄色；筒状花多数，污黄色。果实近圆柱形。花期 6~7 月，果期 8~9 月。

产华县、眉县、凤县，生于海拔 700~2500 米间的山坡草地。

可在园林中片植，也可作花境材料。

红轮狗舌草植株

红轮狗舌草花序

Trollius buddae 川陕金莲花 【毛茛科 Ranunculaceae，(2)：230】

川陕金莲花植株

多年生草本，高 50~70 厘米。叶基生和茎生。单歧或二歧聚伞花序顶生；花径 2~4 厘米，萼片 5，金黄色，干后色不变。蓇葖果。花期 7 月，果期 8 月。

产渭南、周至、宁陕、佛坪、太白、凤县、宁强，生于海拔 1750~2400 米间的山坡草地。

夏季观赏花，可用作花境材料。

川陕金莲花花朵

川陕金莲花果实

Valeriana officinalis 缬草 【败酱科 Valerianaceae，(5)：91】

多年生草本，高 50~150 厘米。茎直立，中空，具纵棱。茎生叶对生，椭圆形、狭卵形或披针形，叶片羽状深裂或全裂。花顶生组成伞房状三出聚伞状圆锥花序，果时伸展变大；花冠淡紫红色或白色。果实卵形。花期 5~7 月，果期 8~9 月。

产秦巴山区，分布普遍，生于海拔 970~3300 米间的山地草丛或林缘。

着花繁密，园林可片植或丛植。

缬草花序

缬草植株

Veratrum nigrum 藜芦 【百合科 Liliaceae，(1)：355】

多年生草本，高达 1 米。茎直立，下部常为叶鞘残存纤维所包被。叶互生，全缘，具多数显著弧形脉，下部叶长椭圆形或椭圆形；上部叶披针形，叶鞘紧抱茎，具肋棱。花序圆锥状，长达 36 厘米；花暗紫红色。蒴果椭圆形。花期 5~6 月，果期 8 月。

产秦巴山区，较常见，生于海拔 1200~3000 米间的山地林下或草丛中。

花序长，叶优美，可用作林下地被。

藜芦花序

藜芦植株

Verbena officinalis 马鞭草 【马鞭草科 Verbenaceae，(4)：197】

多年生直立草本，高 30~80 厘米。茎四棱形。叶基生的有柄，茎生的无柄，卵圆形至长圆形。穗状花序顶生或腋生；花冠淡紫色或蓝色。蒴果，成熟时裂为 4 个小坚果。花期 6~8 月，果期 7~10 月。

产秦巴山区，生于海拔 420~1500 米间的山坡草地或农田边。

园林可用作花境材料，片植或带植。

马鞭草花序

马鞭草植株

Veronicastrum sibiricum 草本威灵仙 【玄参科 Scrophulariaceae，(4) : 339】

多年生直立高大草本。茎圆柱形，高 1 米左右，不分枝。叶 3~8（通常 4~6）片轮生，宽披针形或长椭圆形。穗状花序顶生，直立，长 10~25 厘米；花冠筒状，紫红色或蓝紫色。蒴果卵形。花期 6~7 月，果期 8~9 月。

产周至、眉县、太白、凤县、留坝、佛坪、镇巴、宁陕、洛南，生于海拔 1200~2000 米间的山地草丛或林下。

园林可用作花境材料，片植或带植。

草本威灵仙群落

草本威灵仙花序

草本威灵仙轮生叶

Viola acuminata 鸡腿堇菜 【堇菜科 Violaceae,(3):312】

多年生草本。茎直立，高达40厘米。叶互生，茎生叶心形或卵状心形。花梗长5~10厘米，花梗上部有2线形苞片；萼片绿色，花瓣白色或微带淡紫色。蒴果长圆形。花期3~4月，果期6~7月。

产秦巴山区，较常见，生于海拔700~2100米间的山地林下或荒野。

花期较长，可用作林间地被，或郊野公园地被。

鸡腿堇菜花朵

鸡腿堇菜植株

Viola biflora 双花堇菜 【堇菜科 Violaceae，(3)：314】

双花堇菜花朵

多年生草本。茎细弱，高 10~20 厘米，直立或基部匍匐。茎生叶 2~3，肾状心脏形；基生叶叶柄长而细弱。花梗长 2~5 厘米；萼片绿色，花瓣黄色或淡黄色。蒴果长圆形。花期 5~6 月，果期 7~9 月。

产镇安、柞水、户县、眉县、太白、宝鸡，生于海拔 2200~3200 米间的山地林下或草丛。

园林可用作花境材料，片植或带植。

双花堇菜植株

第9章　球根花卉

Allium chrysanthum 黄花韭 （野葱）【百合科 Liliaceae，（1）：372】

鳞茎长椭圆状圆柱形，丛生，外面包被棕褐色膜质残存之叶鞘。花茎直立，细圆柱形，高20~35厘米。叶基生，线形，中空。伞形花序具多数花，密集成球形；花被裂片长圆状卵形或近卵形，亮黄色，基部具黑色细斑点。花期7~8月。

产户县、柞水、宁陕、太白、陇县、凤县、佛坪、镇巴，生于海拔2100~3400米的山地草丛或林缘。

多花，密集，可用作地被，或花境组团。

黄花韭花序

黄花韭果期植株

Allium cyaneum 天蓝韭 【百合科 Liliaceae，(1)：375】

鳞茎短圆柱状，密生，外面包被褐色纤维状残存之叶鞘。叶基生，狭线形。花茎直立，圆柱状，具条棱；花序伞形，花多数呈半球形；花被钟状，天蓝色，花被裂片狭卵圆形。花期6~7月。

产蓝田、长安、户县、太白、佛坪、宁陕、商南，生于海拔1000~3400米间的山地林下或草丛中。

花被钟状，天蓝色，可用作林下地被。

天蓝韭花序

天蓝韭植株

Arisaema consanguineum 长行天南星 【天南星科 Araceae，(1)：283】

球茎扁圆形，直径4~6(10)厘米。叶单生，叶片表面绿色，背面灰绿色，通常分裂为15个(11~21)披针形裂片。花茎直立，短于叶。佛焰苞外面绿色，里面多具紫斑；雄性肉穗花序。果序圆柱形；果实红色。花期6~7月。

产秦巴山区，生于海拔1000米左右的山地林下。

观叶、观花、观果，可用作花境或地被。

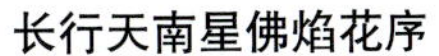

长行天南星佛焰花序

长行天南星植株

Arisaema elephas 象天南星 【天南星科 Araceae，(1)：281】

块茎扁球形，径 2~4.5 厘米。叶单一；小叶 3 片。花序梗比叶柄短而细，佛焰苞全长 8~14 厘米，佛焰苞片弯曲或外折；雄性肉穗花序；雌性附属物先端长鞭状，最初直立，以后渐弯曲或反折，最先端一部分伸展于佛焰苞外。花期 5~6 月，果期 7 月。

产秦巴山区，生于海拔 1800 米左右的山地林下。

叶大而花苞弯曲，可用作地被或花境边缘。

象天南星佛焰花序

象天南星植株

Arisaema serratum 细齿天南星 【天南星科 Araceae，(1)：286】

球茎卵圆形。叶片鸟足状分裂，具 6~11 裂片，裂片长圆状披针形。花序柄较叶柄为短；佛焰苞紫红色，具绿白色宽条纹；雄性肉穗花序棒状。花期 4~5 月。

产华山、太白山、户县、宁陕，生于海拔 800~1700 米间的山地灌丛或林缘。

观叶、观花、观果，可用作花境或地被。

细齿天南星群落

细齿天南星花期植株

Bergenia scopulosa 秦岭岩白菜 【虎耳草科 Saxifragaceae，（2）：433】

多年生草本。茎高 10~25 厘米。根茎粗壮，直径 2.5~4 厘米，沿石壁缝隙匐生，半暴露，密被栗褐色鳞片和叶柄鞘的残余。叶圆形或宽卵状圆形，直径 10~25 厘米。花茎长 10~20 厘米；花序为疏松伞房状，分枝；花几先叶开放，淡紫红色，花萼紫红色，花瓣有深紫色脉纹。花期 4 月，果期 5 月。

产长安、户县、眉县，生于海拔 1500~2800 米间的石岩缝隙中。陕西特有种。

耐贫瘠，适应性强，早春观花地被。

秦岭岩白菜植株

秦岭岩白菜花期植株

Cardiocrinum giganteum var. *yunnanense* 云南大百合 【百合科 Liliaceae，B：352】

云南大百合植株

云南大百合基生叶

鳞茎由少数分离的鳞片组成；茎直立，中空，具叶，高达 1.5 米，基部膨大，并含有淀粉。叶卵圆形，淡绿色，幼嫩时呈古铜色。花数朵，组成总状花序；花被乳白色，中脉处带紫色。蒴果长圆形。花期 6~7 月，果期 9 月。

产华阴、蓝田、长安、户县、周至、太白、佛坪、南郑、宁陕、岚皋、平利、镇坪、山阳，生于海拔 340~2000 米的山地林下阴湿处。

花形大，美丽夺目。适合作花境中景植物。

云南大百合花序

Corydalis caudata 小药八旦子 【罂粟科 Papaveraceae，（新分布）】

多年生草本，高 15~20 厘米。块茎圆球形或长圆形。叶一回、二回或三回三出，小叶圆形或椭圆形。总状花序具 3~8 花，蓝色或紫蓝色。蒴果卵圆形至椭圆形。

产太白山、周至和宁陕，生于海拔 2000 米左右的山地林下阴湿处。

适宜园林中作挡墙坡地绿化。

小药八旦子块茎

小药八旦子植株

Cremastra appendiculata 杜鹃兰 【兰科 Orchidaceae，B：389】

假鳞茎卵形或近于球形，外被膜质鞘，鞘枯萎后仅存纤维状的脉。叶1片，披针形，先端渐尖。花茎高达40厘米，花序总状，具数朵疏生的花；花黄色，唇瓣上稍带红色；唇瓣近于匙形，基部具囊，上部扩大并为3裂；蕊柱长约2.5厘米。花期6~7月。

产华山、太白山及周至、柞水、宁陕、旬阳、平利、镇坪，生于海拔700~2300米间的山地林下阴湿处。

耐阴湿，适用于园林溪涧边种植。

杜鹃兰植株

杜鹃兰花序片段

杜鹃兰假鳞茎

Dactylorhiza viridis 凹舌掌裂兰

【兰科 Orchidaceae，*Coeloglossum viride* 凹舌兰，(1) : 402】

植株高 25~45 厘米。茎直立，基部被 2~3 片鞘，中部至上部具 3~4 片叶。叶椭圆形、卵状披针形至椭圆状倒卵形，基部收狭为鞘而抱茎。总状花序长 5~8 厘米；花绿色或绿黄色。蒴果直立，椭圆形。花期 5~7 月，果期 9~10 月。

产秦巴山区，生于海拔 1100~2950 米间的山地林下或灌丛。

花期较长，园林中适宜片植或带植。

凹舌掌裂兰花序

凹舌掌裂兰根

凹舌掌裂兰植株

Lilium brownii 野百合 【百合科 Liliaceae，(1) : 364 ; B : 354】

鳞茎球形。茎直立，圆柱形，高达 1 米，绿色具紫条纹。叶披针形，背面具 3~5 条不显著的脉，中脉很明显。花朵 1~2 或数朵，直立或平展，花被片乳白色，在外面中脉略着紫色。蒴果卵形。花期夏季。

产秦巴山区，较普遍。

花形美丽夺目，适宜片植或作花境背景材料。

野百合植株

野百合花朵

野百合根和鳞茎

Lilium fargesii 绿花百合 【百合科 Liliaceae，(1)：364】

绿花百合植株

鳞茎白色，卵圆形，长达 3 厘米，直径达 2.5 厘米；鳞片披针形，先端钝。须根细弱。茎圆柱形，高 30~60 厘米。叶互生，线状披针形，具 1 条明显中脉。花绿白色，具有紫色斑点，常单生，亦有 2~6 个排列成总状花序者，向下弯垂。蒴果倒卵形或近方形。花期 7~8 月。

产太白山及凤县、户县、佛坪、宁陕、岚皋、镇坪，生于海拔 1200~2500 米间的山地林下。

花形美丽夺目，适宜片植或作花境背景材料。

绿花百合花朵

Lilium tigrinum 卷丹 【百合科 Liliaceae，(1)：365】

鳞茎白色，宽卵形。茎直立，坚硬，基部埋在土内的部分具2~3轮纤维状根，地上部分高1.2~1.5米。叶散生，披针形，具显著叶脉5条以上；通常叶腋间生有珠芽，球形，老时变为黑色。花序总状圆锥形，花朵稍下垂，花被片6，橘红色，密生紫黑色斑点，开放时反卷。果实倒卵形。花期一般在7月。

产秦巴山区，生于海拔850~2100米间的山地林下或草丛。

花瓣向外翻卷，花色火红，适于园林中花坛、花境及庭院栽植。

卷丹群落

卷丹珠芽

卷丹根和鳞茎

Lycoris aurea 忽地笑 【石蒜科 Amaryllidaceae，(1)：379】

鳞茎卵圆形，直径 4~5 厘米。叶带状，灰绿色。花茎圆形，高 40~60 厘米；总苞片披针形；花金黄色，无香味，5~10 朵排成伞形花序；花冠筒部长 1.3~1.5 厘米，裂片长 4~5 厘米。蒴果 3 瓣裂。花期 8~9 月。

产周至、华阴、商南、旬阳、紫阳、镇坪、汉中，生于海拔 550~1500 米间的山地草丛或林下阴湿处。

花形优美，可用作林下地被花卉，花境丛植。

忽地笑花序

忽地笑群落

Sinacalia tangutica 羽裂华蟹甲草 （水萝卜）【菊科 Asteraceae，（5）：302】

羽裂华蟹甲草植株

多年生草本，具根状茎，高 60~150 厘米。叶纸质，心形，羽状深裂。头状花序极多数，在茎端和上部叶腋密集成宽圆锥花序；花黄色；舌状花 2~3；筒状花 3~5（7）。果实圆柱形，冠毛丰富，白色。花期 8~9 月。果期 10 月。

秦巴山区常见，生于海拔 760~2460 米间的山地草丛、灌丛、林下或溪边。

花序多而密，园林可片植或丛植，也可用作花境材料。

羽裂华蟹甲草花序

羽裂华蟹甲草根状茎

第10章 观赏草

Acorus gramineus 石菖蒲

（金钱蒲）【天南星科 Araceae，(1)：277】

石菖蒲群落

叶基生，长10~30厘米，宽5~7毫米，剑状线形，基部对折，具窄膜质边缘。花茎高10~25厘米，扁三棱形；佛焰苞狭长，呈叶状；肉穗花序较短小，黄绿色。果实倒卵形。花、果期5~7月。

产商南、山阳、宁陕、紫阳、岚皋、平利、镇坪、西乡、洋县、南郑、略阳，生于海拔470~1500米间的山地河滩石隙或溪畔。

用于园林湿地或溪涧中。

石菖蒲花序

Campylandra chinensis 开口箭 【百合科 Liliaceae，*Tupistra chinensis*，(1)：338】

叶基生，倒披针形或线状披针形，2 列，亚革质。花茎由叶丛中抽出，直立，连花穗长不过 5 厘米；花序穗状，密生多花；花被黄色或黄带绿色。浆果球形，红色。花期 6 月，果期 9 月至翌年 4 月。

产户县、周至、眉县、太白、佛坪、洋县、镇巴、勉县、略阳、宁陕、平利、岚皋、镇坪、山阳，生于海拔 950~2350 米间的山地林下。

可用作林下常绿地被。

开口箭花期植株

开口箭果期植株

Carex siderosticta 崖棕 (宽叶苔草)【莎草科 Cyperaceae，(1)：257】

多年生草本，高 20~30 厘米。秆分花秆与不孕秆两种：花秆直立而柔弱，不孕秆上升或直立。叶狭长披针形，宽 1~3 厘米。苞片绿色、佛焰苞状。小穗 5~8 个，雄雌顺序。小坚果卵状椭圆形，淡褐色。花期 4~5 月，果期 6 月。

产太白山、户县、丹凤、镇安、宁陕、平利、佛坪、南郑，生于海拔 1300~2000 米的山地林下。

可用作林下常绿地被。

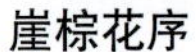

崖棕花序

崖棕群落

Clintonia udensis 七筋菇 【百合科 Liliaceae，（1）：328】

七筋菇果实

多年生草本。叶基生，长圆形至倒卵状椭圆形，长 13~20（~25）厘米，宽 3.5~5.5 厘米。花茎单一，直立，长约 40 厘米，花后花茎伸长可达 80 厘米；花序总状，疏生少数花或仅有 1~2 花；花白色。浆果蓝色或蓝黑色。花期 6 月，果期 7~8 月。

产太白山、宁陕、平利、岚皋、镇坪，生于海拔 2000~2800 米间的山地林下。

适宜在园林中片植。

七筋菇基生叶

Juncus allioides 葱状灯心草 【灯心草科 Juncaceae，(1)：309】

葱状灯心草植株

多年生草本。秆少数丛生，直立，高30~50厘米。叶片扁圆筒形，具明显横隔，基生者长达30厘米，茎生者长2~5厘米。花序为头状，由多花集成，下面被以灰色或褐色的披针形膜质苞片；花被片灰白色，膜质，披针形。蒴果长卵圆形。花期7~8月，果期9月。

产户县、眉县、太白、凤县、佛坪、岚皋，生于海拔2360~3200米的山地草丛或灌丛下潮湿处。

适宜在园林中片植。

葱状灯心草花序

Liriope spicata 土麦冬（山麦冬）【百合科 Liliaceae，（1）：333】

土麦冬果实

多年生草本，丛生。叶线形，较花茎长或短，宽 2~4 毫米，具多脉。花茎直立，通常高 15~30 厘米；总状花序长达 12 厘米；花淡紫色，偶为白色。浆果球形，成熟时黑色。花期 7~8 月，果期 9~10 月。

产秦巴山区，较常见，生于海拔 300~2000 米间的山地草丛或林下。

常用作林下常绿地被。

土麦冬植株

Ophiopogon japonicus 麦冬沿阶草（麦冬）【百合科 Liliaceae，（1）：334】

叶丛生，线状，长 15~40 厘米，宽 1.5~4 毫米，先端钝或渐尖，基部渐狭，呈叶柄状。花茎细，高 6.5~14 厘米；花序长总状，花被 6 片，淡紫色。果实球形，蓝黑色。花期 7 月；果期 11 月。

产秦巴山区，生于海拔 500~1900 米间的山地林下。

常用作林下常绿地被。

麦冬沿阶草种子（果实状）

麦冬沿阶草植株

Reineckea carnea 吉祥草 【百合科 Liliaceae，(1)：337】

吉祥草群落（花期）

叶簇生或在匍匐茎的先端簇生，狭长，长 15~30 厘米，宽 1~1.6 厘米，先端渐尖。花茎长 5~9 厘米，苞片淡红色，每苞具花 1 朵；花被紫红色，有芳香。浆果红色，近圆形。开花期 10~11 月。

产秦岭南坡各县及平利、岚皋，生于海拔 550~1500 米间的山地林下。

适宜作园林地被花卉。

吉祥草群落（果期）

参考文献

陈辉，陈昊，祁桦，等．秦巴山区野生垂直绿化植物资源及其园林应用 [J]. 北方园艺，2012，（9）：92–95.

陈彦生．陕西维管植物名录 [M]. 北京：高等教育出版社，2016.

樊璐，刘青林．太白山野生花卉拾零 [J]. 中国花卉盆景，1994，（4）：14.

国务院扶贫开发领导小组办公室，国家发展改革委．秦巴山片区区域发展与扶贫攻坚规划（2011—2020 年）．2012 年 5 月．

韩桂军，李思锋，黎斌，等．秦巴山区野生常绿藤本植物资源调查与应用研究 [C].2008 年中国植物园学术年会，2008 年 10 月，中国贵州贵阳．

贾渝，马欣堂，班勤，等．大巴山地区高等植物名录 [J]. 北京：科学出版社，2014.

李思峰，黎斌．秦巴山区野生观赏植物 [M]. 西安：陕西科学技术出版社，2009.

李思峰，黎斌．秦岭植物志（增补 种子植物）[M]. 北京：科学出版社，2013.

刘立成，李汝绢，李思峰，等．陕南秦巴山区野生常绿阔叶植物资源及其园林利用价值 [C].2010 年全国植物园学术年会，2010–11–04，中国福建厦门．

王月清，张延龙，司国臣，等．秦巴山区主要野生草本花卉资源调查及观赏性状评价 [J]. 西北林学院学报，2013，28（5）：66–70.

袁海龙．陕西秦巴山区野生兰科植物资源分布及保护对策 [J]. 林业调查规划，2011，36（4）：66–70.

袁力，邢吉庆，庞长民，等．秦巴山区野生观赏植物资源的调查开发和利用 [J]. 园艺学报，1992，19（2）：175–183.

原雅玲，邢吉庆．秦巴山区单子叶花卉植物的引种栽培及其利用 [J]. 中国科学技术协会第二届青年学术年会，1995，中国北京．

赵祥云，王树栋，陈新露．秦巴山区百合属和大百合属植物资源 [J]. 资源开发与市场，1990，6（4）：238–239.

中国科学院西北植物研究所．秦岭植物志（第一卷种子植物，第一册）[M]. 北京：科学出版社，1976.

中国科学院西北植物研究所．秦岭植物志（第一卷种子植物，第二册）[M]. 北京：科学出版社，1974.

中国科学院西北植物研究所．秦岭植物志（第一卷种子植物，第三册）[M]. 北京：科学出版社，1981.

中国科学院西北植物研究所．秦岭植物志（第一卷种子植物，第四册）[M]. 北京：科学出版社，1983.

中国科学院西北植物研究所．秦岭植物志（第一卷种子植物，第五册）[M]. 北京：科学出版社，1985.

周家琪，秦魁杰，吴涤新，等．秦岭南坡火地塘等地区野生花卉和地被植物种质资源调查初报 [J]. 北京林学院学报，1982，（2）：78–92.

附录：秦巴山区野生花卉名录（分类系统）

裸子植物

一、松科 Pinaceae

1.秦岭冷杉 Abies chensiensis

2.巴山冷杉 Abies fargesii

3.太白红杉 Larix chinensis

4.云杉 Picea asperata

5.华山松 Pinus armandii

6.铁杉 Tsuga chinensis

二、柏科 Cupressaceae

7.柏木 Cupressus funebris

三、三尖杉科 Cephalotaxaceae

8.三尖杉 Cephalotaxus fortunei

四、红豆杉科 Taxaceae

9.南方红豆杉 Taxus wallichiana var. mairei

双子叶植物

五、三白草科 Saururaceae

10.蕺菜（鱼腥草）Houttuynia cordata

六、杨柳科 Salicaceae

11.太白杨（冬瓜杨）Populus purdomii

七、胡桃科 Juglandaceae

12.胡桃楸（野胡桃）Juglans mandshurica

13.化香树 Platycarya strobilacea

14.湖北枫杨 Pterocarya hupehensis

八、桦木科 Betulaceae

15.红桦 Betula albo-sinensis

16.千金榆 Carpinus cordata

17.鹅耳枥 Carpinus truczaninowii

18.华榛 Corylus chinensis

19.刺榛 Corylus thibetica

20.虎榛子 Ostryopis davidiana

九、壳斗科 Fagaceae

21.板栗 Castanea mollissima

22.细叶青冈 Cyclobalanopsis gracilis

23.米心树 Fagus engleriana

24.锐齿栎 Quercus aliena var. acuteserrata

25.橿子栎 Quercus baronii

26.铁橡树（刺叶栎）Quercus spinosa

27.栓皮栎 Quercus variabilis

十、榆科 Ulmaceae

28.大叶朴 Celtis koraiensis

29.青檀 Pteroceltis tatarinowii

30.兴山榆 Ulmus bergmanniana

31.黄榆（大果榆）Ulmus macrocarpa

32.榔榆 Ulmus parvifolia

十一、桑科 Moraceae

33.构树 Broussonetia papyrifera

34.柘树 Cudrania tricuspidata

35.异叶天仙果（异叶榕）Ficus heteromorpha

36.珍珠莲 Ficus sarmentosa var. henryi

十二、大麻科 Cannadaceae

37.华忽布花 Humulus lupulus var. cordifolia

十三、荨麻科 Urticaceae

38.水麻 Debregeasia orientalis

39.透茎冷水花 Pilea pumila

十四、马兜铃科 Aristolochiaceae

40.汉中防己（异叶马兜铃）Aristolochia heterophylla

41.寻骨风 Aristolochia mollissima

42.细辛 Asarum sieboldii

43.马蹄香 Saruma henryi

十五、蓼科 Polygonaceae

44.短毛金线草 Antenoron neofiliforme

45.木藤首乌 Fallopia aubertii

46.杠板归 Polygonum perfoliatum

47.赤胫散 Polygonum runcinatum var. sinense

48.珠芽蓼（珠芽拳参）Polygonum viviparum

49.红药子（翼蓼）Pteroxygonum giraldii

十六、商陆科 Phytolaccaceae

50.商陆 Phytolacca acinosa

十七、石竹科 Caryophyllaceae

51.石竹 Dianthus chinensis

52.瞿麦 Dianthus superbus

53.剪秋萝（剪红纱花）Lychnis senno

54.蔓孩儿参 Pseudostellaria davidii

55.鹤草 Silene fortunei

十八、领春木科 Eupteleaceae

56.领春木 Euptelea pleiospermum f. franchetii

十九、水青树科 Tetracentraceae

57.水青树 Tetracentron sinensis

二十、芍药科 Paeoniaceae

58.川赤芍 Paeonia anomala

59.美丽芍药 Paeonia mairei

二十一、毛茛科 Ranunculaceae

60.松潘乌头 Aconitum sungpanense

61.类叶升麻 Actaea asiatica

62.狭瓣侧金盏花 Adonis davidii

63.蜀侧金盏花 Adonis sutchuenensis

64.野棉花 Anemone hupehensis

65.反萼银莲花 Anemone reflexa

66.无距耧斗菜 Aquilegia ecalcarata

67.华北耧斗菜 Aquilegia oxysepala var. yabeana

68.太白美花草 Callianthemum taipaicum

69.驴蹄草 Caltha palustris

70.单穗升麻 Cimicifuga simplex

71.毛蕊铁线莲 Clematis lasiandra

72.美花铁线莲 Clematis potaninii

73.还亮草 Delphinium anthriscifolium var. anthriscifolium

74.纵肋人字果 Dichocarpum fargesii

75.铁筷子 Helleborus thibetanus

76.白头翁 Pulsatilla chinensis

77.川陕金莲花 Trollius buddae

二十二、木通科 Lardizabalaceae

78.三叶木通 Akebia trifoliata

79.猫屎瓜 Decaisnea fargesii

80.大花牛姆瓜 Holboellia grandiflora

81.串果藤 Sinofranchetia chinensis

二十三、小檗科 Berberidaceae

82.短角淫羊藿 Epimedium brevicornu

83.阔叶十大功劳 Mahonia bealei

二十四、防己科 Menispermaceae

84.木防己（青藤）Cocculus orbiculatus

85.风龙 Sinomenium acutum

86.金线吊乌龟 Stephania cepharantha

二十五、八角科 Illiciaceae

87.红茴香 Illicium henryi

二十六、五味子科 Schisandraceae

88.狭叶五味子 Schisandra lancifolia

89.小血藤（铁箍散）Schisandra propinqua var. sinensis

90.西五味子 Schisandra sphenanthera

三十三、樟科 Lauraceae

91.香叶树 Lindera communis

92.山胡椒 Lindera glauca

93.黑壳楠 Lindera megaphylla

94.三桠乌药 Lindera obtusiloba

95.木姜子 Litsea pungens

96.秦岭木姜子 Litsea tsinlingensis

二十七、罂粟科 Papaveraceae

97.白屈菜 Chelidonium majus

98.小药八旦子 Corydalis caudata

99.紫堇 Corydalis edulis

100.蛇果黄堇 Corydalis ophiocarpa

101.秃疮花 Dicranostigma leptopodum

102.荷青花 Hylomecon japonica

103.柱果绿绒蒿 Meconopsis oliveriana

104.四川金罂粟 Stylophorum sutchuense

二十八、十字花科 Brassicaceae

105.白花碎米荠 Cardamine leucantha

106.大叶碎米荠 Cardamine macrophylla

107.花旗杆 Dontostemon dentatus

108.诸葛菜（二月蓝）Orychophragmus violaceus

二十九、景天科 Crassulaceae

109.轮叶八宝 Hylotelephium verticillatum

110.费菜 Phedimus aizoon

111.大苞景天 Sedum amplibracteatum

112.佛甲草 Sedum lineare

三十、虎耳草科 Saxifragaceae

113.红升麻（落新妇）Astilbe chinensis

114.多花落新妇 Astilbe rivularis var. myriantha

115.秦岭岩白菜 Bergenia scopulosa

116.赤壁木 Decumaria sinensis
117.大花溲疏 Deutzia grandiflora
118.粉背溲疏 Deutzia hypoglauca
119.东陵八仙花（东陵绣球）Hydrangea bretschneideri
120.长柄八仙花（莼兰绣球）Hydragea longipes
121.突隔梅花草 Parnassia delavayi
122.鸡肫草 Parnassia wightiana
123.白毛山梅花 Philadelphus incanus
124.长刺茶藨子 Ribes alpestre
125.蔓茶藨子 Ribes fasciculatum var. chinense
126.索骨丹（七叶鬼灯檠）Rodgersia aesculifolia
127.黑蕊虎耳草 Saxifraga melanocentra
128.虎耳草 Saxifraga stolonifera

三十一、海桐花科 Pittosporaceae

129.崖花海桐 Pittosporum truncatum

三十二、金缕梅科 Hamamelidaceae

130.枫香 Liquidambar taiwaniana
131.山白树 Sinowilsonia henryi

三十三、蔷薇科 Rosaceae

132.水栒子 Cotoneaster multiflorus
133.蛇莓 Duchesnea indica
134.红柄白鹃梅 Exochorda giraldii
135.五叶草莓 Fragaria pentaphylla
136.假稠李（臭樱）Maddenia hypoleuca
137.山荆子 Malus baccata
138.绣线梅 Neillia sinensis
139.中华石楠 Photinia beauverdiana
140.小叶石楠 Photinia parvifolia
141.皱叶委陵菜 Potentilla ancistrifolia
142.委陵菜 Potentilla chinensis
143.银露梅 Potentilla glabra
144.绢毛细蔓委陵菜 Potentilla reptans var. sericophylla
145.盘腺樱桃 Prunus discadenia
146.甘肃桃 Prunus kansuensis
147.毛樱桃 Prunus tomentosa
148.杜梨 Pyrus betulaefolia
149.峨眉蔷薇 Rosa omeiensis
150.秦岭蔷薇 Rosa tsinglingensis
151.覆盆子（插田泡）Rubus coreanus
152.光叶高粱泡 Rubus lambertianus var. glaber
153.绵果悬钩子 Rubus lasiostylus
154.喜阴悬钩子 Rubus mesogaeus
155.菰帽悬钩子 Rubus pileatus
156.水榆花楸 Sorbus alnifolia
157.湖北花楸 Sorbus hupehensis
158.陕甘花楸 Sorbus koehneana
159.华北绣线菊 Spiraea fritschiana
160.南川绣线菊 Spiraea rosthornii
161.红果树 Stranvaesia davidiana

三十四、豆科 Fabaceae

162.肉色土圞儿 Apios carnea
163.粉叶羊蹄甲 Bauhinia glauca
164.云实 Caesalpinia sepiaria
165.杭子梢 Campylotropis macrocarpa
166.树锦鸡儿 Caragana arborescens
167.毛掌叶锦鸡儿 Caragana leveillei
168.黄檀 Dalbergia hupeana
169.圆锥山蚂蝗 Desmodium elegans
170.少花米口袋 Gueldenstaedtia verna
171.多花木蓝 Indigofera amblyantha
172.牧地山黧豆 Lathyrus pratensis
173.多花胡枝子 Lespedeza floribunda
174.天蓝苜蓿 Medicago lupulina
175.花苜蓿 Medicago ruthenica
176.红豆树 Ormosia hosiei
177.背扁膨果豆 Phyllolobium chinense
178.黄花木 Piptanthus concolor
179.菱叶鹿藿 Rhynchosia dielsii
180.白刺花 Sophora davidii
181.苦参 Sophora flavescens
182.山野豌豆 Vicia amoena

三十五、酢浆草科 Oxalidaceae

183.山酢浆草 Oxalis griffithii

三十六、牻牛儿苗科 Geraniaceae

184.牻牛儿苗 Erodium stephanianum
185.湖北老鹳草 Geranium rosthornii

三十七、芸香科 Rutaceae

186.白鲜 Dictamnus dasycarpus
187.臭常山 Orixa japonica
188.臭檀吴萸 Tetradium daniellii
189.飞龙掌血 Toddalia asiatica
190.竹叶花椒 Zanthoxylum armatum
191.异叶花椒 Zanthoxylum dimorphophyllum

三十八、苦木科 Simaroubaceae

192.苦树 Picrasma quassioides

三十九、远志科 Polygalaceae

193.瓜子金 Polygala japonica

四十、大戟科 Euphorbiaceae

194.山麻杆 Alchornea davidii

195.算盘子 Glochidion puberum

196.雀儿舌头 Leptopus chinensis

197.石岩枫（杠香藤）Mallotus repandus

198.野桐 Mallotus tenuifolius

199.白木乌桕 Neoshirakia japonica

四十一、黄杨科 Buxaceae

200.野扇花 Sacococca ruscifolia

四十二、马桑科 Coriariaceae

201.马桑 Coriaria nepalensis

四十三、漆树科 Anacardiaceae

202.粉背黄栌 Cotinus coggygria var. glaucophylla

203.黄连木 Pistacia chinensis

204.青麸杨 Rhus potaninii

四十四、冬青科 Aquifoliaceae

205.狭叶冬青 Ilex fargesii

206.大果冬青 Ilex macrocarpa

207.猫儿刺 Ilex pernyi

四十五、卫矛科 Celastraceae

208.苦皮藤 Celastrus angulatus

209.粉背南蛇藤 Celastrus hypoleucus

210.南蛇藤 Celastrus orbiculatus

211.扶芳藤 Euonymus fortunei

212.小果卫矛 Euonymus microcarpus

213.栓翅卫矛 Euonymus phellomanus

214.曲脉卫矛 Euonymus venosus

四十六、省沽油科 Staphyleaceae

215.野鸦椿 Euscaphis japonica

216.膀胱果 Staphylea holocarpa

四十七、槭树科 Aceraceae

217.青榨槭 Acer davidii

218.毛花槭 Acer erianthum

219.茶条槭 Acer ginnala

220.桦叶四蕊槭 Acer stachyophyllum subsp. betulifolium

221.房县槭 Acer sterculiaceum subsp. franchetii

222.金钱槭 Dipteronia sinensis

四十八、清风藤科 Sabiaceae

223.泡花树 Meliosma cuneifolia

224.暖木 Meliosma veitchiorum

225.鄂西清风藤 Sabia campanulata subsp. ritchieae

四十九、凤仙花科 Balsaminaceae

226.裂距凤仙花 Impatiens fissicornis

227.水金凤 Impatiens noli-tangere

228.窄萼凤仙花 Impatiens stenosepala

五十、鼠李科 Rhamnaceae

229.勾儿茶 Berchemia sinica

230.铜钱树 Paliurus hemsleyanus

231.卵叶猫乳 Rhamnella franguloides

232.异叶鼠李 Rhamnus heterophylla

233.薄叶鼠李 Rhamnus leptophylla

五十一、葡萄科 Vitaceae

234.乌头叶蛇葡萄 Ampelopsis aconitifolia

235.蛇葡萄 Ampelopsis bodinieri

236.三裂蛇葡萄 Ampelopsis delavayana

237.崖爬藤 Tetrastigma obtectum

238.复叶葡萄 Vitis piasezkii

五十二、椴树科 Tiliaceae

239.扁担木（孩儿拳头）Grewia biloba var. parviflora

240.华椴 Tilia chinensis

241.少脉椴 Tilia paucicostata

五十三、锦葵科 Malvaceae

242.野西瓜苗 Hibiscus trionum

五十四、猕猴桃科 Actinidiaceae

243.软枣猕猴桃 Actinidia arguta

244.京梨猕猴桃 Actinidia callosa var. henryi

245.猕猴桃 Actinidia chinensis

246.葛枣猕猴桃 Actinidia polygama

247.四蕊猕猴桃 Actinidia tetramera

248.繁花藤山柳 Clematoclethra scandens subsp. hemsleyi

249.藤山柳 Clematoclethra scandens subsp. scandens

五十五、藤黄科 Clusiaceae

250.黄海棠 Hypericum ascyron

251.金丝桃 Hypericum chinense

252.金丝梅 Hypericum patulum

五十六、堇菜科 Violaceae

253.鸡腿堇菜 Viola acuminata

254.双花堇菜 Viola biflora

五十七、大风子科 Flacourtiaceae

255.山拐枣 Poliothysis sinensis

五十八、旌节花科 Stachyuraceae

256.中国旌节花 Stachyurus chinensis

五十九、秋海棠科 Begoniaceae

257.中华秋海棠 Begonia grandis var. sinensis

六十、瑞香科 Thymelaeaceae

258.芫花 Daphne genkwa

259.黄瑞香（祖师麻）Daphne giraldii

260.甘肃瑞香 Daphne tangutica

六十一、胡颓子科 Elaeagnaceae

261.长叶胡颓子 Elaeagnus bockii

262.披针叶胡颓子 Elaeagnus lanceolata

263.毛褶子（翅果油树）Elaeagnus mollis

264.牛奶子 Elaeagnus umbellata

265.沙棘 Hippophae rhamnoides

六十二、千屈菜科 Lythraceae

266.千屈菜 Lythrum salicaria

六十三、八角枫科 Alangiaceae

267.八角枫 Alangium chinense

六十四、柳叶菜科 Onagraceae

268.毛脉柳兰 Chamaerion angustifolium subsp. circumvagum

269.柳叶菜 Epilobium hirsutum

六十五、五加科 Araliaceae

270.蜀五加 Acanthopanax setchuenensis

271.楤木 Aralia elata

272.常春藤 Hedera nepalensis var. sinensis

273.异叶梁王茶 Metapanax davidii

274.通脱木 Tetrapanax papyrifer

六十六、伞形科 Apiaceae

275.疏叶当归 Angelica laxifoliata

276.蛇床 Cnidium monnieri

277.短毛独活 Heracleum moellendorffii

278.菱形茴芹 Pimpinella rhomboidea

279.异伞棱子芹 Pleurospermum franchetianum

六十七、山茱萸科 Cornaceae

280.灯台树 Cornus controversa

281.梾木 Cornus macrophylla

282.四照花 Dendrobenthamia japonica var. chinensis

六十八、青荚叶科 Helwingiaceae（山茱萸科）

283.中华青荚叶 Helwingia chinensis

284.青荚叶 Helwingia japonica

六十九、杜鹃花科 Ericaceae

285.珍珠花 Lyonia ovalifolia var. elliptica

286.美丽马醉木 Pieris formosa

287.鹿蹄草 Pyrola calliantha

288.照山白 Rhododendron micranthum

289.四川杜鹃 Rhododendron sutchuenense

290.无梗越橘 Vaccinium henryi

七十、紫金牛科 Myrsinaceae

291.百两金 Ardisia crispa

292.紫金牛 Ardisia japonica

293.铁仔 Myrsine africana

七十一、报春花科 Primulaceae

294.过路黄 Lysimachia christinae

295.珍珠菜 Lysimachia clethroides

296.阔萼粉报春 Primula knuthiana

297.齿萼报春 Primula odontocalyx

七十二、柿树科 Ebenaceae

298.油柿 Diospyros kaki var. silvestris

七十三、山矾科 Symplocaceae

299.白檀 Symplocos paniculata

七十四、安息香科 Styracaceae

300.老鸹铃 Styrax hemsleyanus

七十五、木犀科 Oleaceae

301.流苏树 Chionanthus retusus

302.秦岭白蜡树（秦岭梣）Fraxinus paxiana

303.光清香藤 Jasminum lanceolarium

304.蜡子树 Ligustrum acutissimum

305.西蜀丁香 Syringa komarowii

七十六、马钱科 Loganiaceae

306.大叶醉鱼草 Buddleja davidii

七十七、龙胆科 Gentianaceae

307.秦艽 Gentiana macrophylla

308.红花龙胆 Gentiana rhodantha

309.椭圆叶花锚 Halenia elliptica

310.峨眉双蝴蝶 Tripterospermum cordatum

七十八、夹竹桃科 Apocynaceae

311.络石 Trachelospermum jasminoides

七十九、萝藦科 Asclepiadaceae

312.秦岭藤 Biondia chinensis

313.白薇 Cynanchum atratum

314.竹灵消 Cynanchum inamoenum

315.贯筋绳 Dregea sinensis var. corrugata

316.杠柳 Periploca sepium

八十、旋花科 Convolvulaceae

317.飞蛾藤 Dinetus racemosus

八十一、花荵科 Polemoniaceae

318.中华花荵 Polemonium chinense

八十二、紫草科 Boraginaceae

319.紫草 Lithospermum erythrorhizon

320.短蕊车前紫草 Sinojohnstonia moupinensis

八十三、马鞭草科 Verbenaceae

321.老鸦糊 Callicarpa giraldii

322.光果莸 Caryopteris tangutica

323.三花莸 Caryopteris terniflora

324.臭牡丹 Clerodendrum bungei

325.海州常山 Clerodendrum trichotomum

326.马鞭草 Verbena officinalis

八十四、唇形科 Lamiaceae

327.筋骨草 Ajuga ciliata

328.香薷 Elsholtzia ciliata

329.鸡骨柴 Elsholtzia fruticosa

330.动蕊花 Kinostemon ornatum

331.益母草 Leonurus japonicus

332.斜萼草 Loxocalyx urticifolius

333.龙头草 Meehania henryi

334.大花糙苏 Phlomis megalantha

335.鄂西鼠尾草 Salvia maximowicziana

八十五、茄科 Solanaceae

336.天仙子 Hyoscyamus niger

337.挂金灯 Physalis alkekengi var. francheti

八十六、玄参科 Scrophulariaceae

338.鞭打绣球 Hemiphragma heterophyllum

339.柳穿鱼 Linaria vulgaris subsp. chinensis

340.山萝花 Melampyrum roseum

341.四川沟酸浆 Mimulus szechuanensis

342.藓生马先蒿 Pedicularis muscicola

343.返顾马先蒿 Pedicularis resupinata

344.松蒿 Phtheirospermum japonicum

345.裂叶地黄 Rehmannia piasezkii

346.草本威灵仙 Veronicastrum sibiricum

八十七、紫葳科 Bignoniaceae

347.角蒿 Incarvillea sinensis

八十八、苦苣苔科 Gesneriaceae

348.猫耳朵（旋蒴苣苔）Boea hygrometrica

349.吊石苣苔 Lysionotus pauciflorus

八十九、茜草科 Rubiaceae

350.香果树 Emmenopterys henryi

351.薄皮木 Leptodermis oblonga

九十、五福花科 Adoxaceae

352.接骨木 Sambucus williamsii

353.桦叶荚蒾 Viburnum betulifolium

354.丛花荚蒾 Viburnum glomeratum

355.鸡树条荚蒾 Viburnum opulus subsp. calvescens

356.陕西荚蒾 Viburnum schensianum

九十一、忍冬科 Caprifoliaceae

357.太白六道木 Abelia dielsii

358.双盾木 Dipelta floribunda

359.猬实 Kolkwitzia amabilis

360.巴东忍冬 Lonicera acuminata

361.金花忍冬 Lonicera chrysantha

362.北京忍冬 Lonicera elisae

363.葱皮忍冬 Lonicera ferdinandii

364.金银忍冬（金银木）Lonicera maackii

365.陇塞忍冬 Lonicera tangutica

366.盘叶忍冬 Lonicera tragophylla

九十二、败酱科 Valerianaceae

367.异叶败酱 Patrinia heterophylla

368.缬草 Valeriana officinalis

九十三、葫芦科 Cucurbitaceae

369.南赤瓟 Thladiantha nudiflora

九十四、桔梗科 Campanulaceae

370.紫斑风铃草 Campanula punctata

九十五、菊科 Asteraceae

371.齿叶蓍 Achillea acuminata

372.云南蓍 Achillea wilsoniana

373.柳叶亚菊 Ajania salicifolia

374.珠光香青 Anaphalis margaritacea

375.白苞蒿 Artemisia lactiflora

376.小舌紫菀 Aster albescens
377.马兰 Aster indicus
378.大花金挖耳 Carpesium macrocephalum
379.野菊 Chrysanthemum indicum
380.毛华菊 Chrysanthemum vestitum
381.醴肠（旱莲草）Eclipta prostrata
382.旋覆花 Inula japonica
383.大丁草 Leibnitzia anandria
384.太白山橐吾 Ligularia dolichobotrys
385.毛裂蜂斗菜 Petasites ticholobus
386.紫苞风毛菊（紫苞雪莲）Saussurea iodostegia
387.风毛菊 Saussurea japonica
388.杨叶风毛菊 Saussurea populifolia
389.蒲儿根 Senecio oldhamianus
390.千里光 Senecio scandens
391.羽裂华蟹甲草（水萝卜）Sinacalia tangutica
392.蒲公英 Taraxacum mongolicum
393.红轮狗舌草 Tephroseris flammeus

单子叶植物

九十六、莎草科 Cyperaceae

394.崖棕（宽叶苔草）Carex siderosticta

九十七、菖蒲科 Acoraceae

395.石菖蒲（金钱蒲）Acorus gramineus

九十八、天南星科 Araceae

396.长行天南星 Arisaema consanguineum
397.象天南星 Arisaema elephas
398.细齿天南星 Arisaema serratum

九十九、鸭跖草科 Commelinaceae

399.鸭跖草 Commelina communis
400.竹叶子 Streptolirion volubile

一百、灯心草科 Juncaceae

401.葱状灯心草 Juncus allioides

一百零一、百合科 Liliaceae

402.黄花韭（野葱）Allium chrysanthum
403.天蓝韭 Allium cyaneum
404.开口箭 Campylandra chinensis
405.云南大百合 Cardiocrinum giganteum var. yunnanense
406.七筋菇 Clintonia udensis
407.铃兰 Convallaria keiskei
408.山竹花（万寿竹）Disporum cantoniense
409.萱草 Hemerocallis fulva
410.紫玉簪 Hosta ventricosa
411.野百合 Lilium brownii
412.绿花百合 Lilium fargesii
413.卷丹 Lilium tigrinum
414.土麦冬（山麦冬）Liriope spicata
415.少穗花（管花鹿药）Maianthemum henryi
416.鹿药 Maianthemum japonicum
417.麦冬沿阶草 Ophiopogon japonicus
418.重楼（七叶一枝花）Paris polyphylla
419.玉竹 Polygonatum odoratum
420.吉祥草 Reineckea carnea
421.大花菝葜 Smilax megalantha
422.鞘柄菝葜 Smilax stans
423.藜芦 Veratrum nigrum

一百零二、石蒜科 Amaryllidaceae

424.忽地笑 Lycoris aurea

一百零三、薯蓣科 Dioscoreaceae

425.穿龙薯蓣 Dioscorea nipponica

一百零四、鸢尾科 Iridaceae

426.射干 Belamcanda chinensis
427.蝴蝶花 Iris japonica

一百零五、兰科 Orchidaceae

428.狭叶白及 Bletilla ochracea
429.长叶头蕊兰 Cephalanthera longifolia
430.杜鹃兰 Cremastra appendiculata
431.凹舌掌裂兰 Dactylorhiza viridis
432.火烧兰 Epipactis mairei
433.二叶兜被兰 Neottianthe cucullata
434.二叶舌唇兰 Platanthera chlorantha
435.独蒜兰 Pleione bulbocodioides
436.红门兰（广布小红门兰）Ponerorchis chusua
437.绶草 Spiranthes sinensis

中文名索引

A

凹舌掌裂兰 \ 293

B

八角枫 \ 69
巴东忍冬 \ 163
巴山冷杉 \ 6
白苞蒿 \ 205
白刺花 \ 129
白花碎米荠 \ 178
白毛山梅花 \ 116
白木乌桕 \ 114
白屈菜 \ 215
白檀 \ 135
白头翁 \ 266
白薇 \ 220
白鲜 \ 223
百两金 \ 72
柏木 \ 8
板栗 \ 37
薄皮木 \ 104
薄叶鼠李 \ 122
北京忍冬 \ 109
背扁膨果豆 \ 257
鞭打绣球 \ 233
扁担木 \ 97

C

草本威灵仙 \ 283
茶条槭 \ 32
长柄八仙花 \ 100
长刺茶藨子 \ 122
长行天南星 \ 287
长叶胡颓子 \ 15
长叶头蕊兰 \ 214
常春藤 \ 161
齿萼报春 \ 265
齿叶蓍 \ 194
赤壁木 \ 157
赤胫散 \ 192
重楼 \ 252
臭常山 \ 115
臭牡丹 \ 80
臭檀吴萸 \ 63
川赤芍 \ 251
川陕金莲花 \ 280
穿龙薯蓣 \ 158
串果藤 \ 172
刺榛 \ 42
葱皮忍冬 \ 110
葱状灯心草 \ 302
楤木 \ 71
丛花荚蒾 \ 140

D

大苞景天 \ 193
大丁草 \ 241
大果冬青 \ 48
大花菝葜 \ 173
大花糙苏 \ 256
大花金挖耳 \ 213
大花牛姆瓜 \ 162
大花溲疏 \ 87
大叶朴 \ 38
大叶碎米荠 \ 213
大叶醉鱼草 \ 74
单穗升麻 \ 218
灯台树 \ 39
吊石苣苔 \ 165
东陵八仙花 \ 99
动蕊花 \ 240
独蒜兰 \ 261
杜鹃兰 \ 292
杜梨 \ 59
短角淫羊藿 \ 225
短毛独活 \ 234
短毛金线草 \ 203
短蕊车前紫草 \ 276
多花胡枝子 \ 105
多花落新妇 \ 207
多花木蓝 \ 102

E

峨眉蔷薇 \ 124
峨眉双蝴蝶 \ 176
鹅耳枥 \ 78
鄂西清风藤 \ 169
鄂西鼠尾草 \ 270
二叶兜被兰 \ 249
二叶舌唇兰 \ 260

F

繁花藤山柳 \ 156
反萼银莲花 \ 202
返顾马先蒿 \ 255
房县槭 \ 34
飞蛾藤 \ 158
飞龙掌血 \ 175
费菜 \ 256
粉背黄栌 \ 82
粉背南蛇藤 \ 154
粉背溲疏 \ 88
粉叶羊蹄甲 \ 152
风龙 \ 172
风毛菊 \ 192
枫香树 \ 51
佛甲草 \ 275

扶芳藤 \ 160
复叶葡萄 \ 177
覆盆子 \ 125

G

甘肃瑞香 \ 14
甘肃桃 \ 120
杠板归 \ 165
杠柳 \ 116
葛枣猕猴桃 \ 146
勾儿茶 \ 152
构树 \ 73
菰帽悬钩子 \ 169
瓜子金 \ 262
挂金灯 \ 258
贯筋绳 \ 159
光果莸 \ 79
光清香藤 \ 163
光叶高粱泡 \ 126
过路黄 \ 164

H

海州常山 \ 80
汉中防己 \ 151
杭子梢 \ 77
荷青花 \ 236
鹤草 \ 275
黑壳楠 \ 21
黑蕊虎耳草 \ 274
红柄白鹃梅 \ 95
红豆树 \ 54
红果树 \ 29
红花龙胆 \ 229
红桦 \ 35
红茴香 \ 19
红轮狗舌草 \ 279
红门兰 \ 249
红升麻 \ 207
红药子 \ 167
忽地笑 \ 297
胡桃楸 \ 49
湖北枫杨 \ 58
湖北花楸 \ 62
湖北老鹳草 \ 230
蝴蝶花 \ 239
虎耳草 \ 274
虎榛子 \ 115
花苜蓿 \ 247
花旗杆 \ 181
华北耧斗菜 \ 204
华北绣线菊 \ 132
华椴 \ 64
华忽布花 \ 162
华山松 \ 10
华榛 \ 41
化香树 \ 56
桦叶荚蒾 \ 138
桦叶四蕊槭 \ 33
还亮草 \ 180
黄海棠 \ 237
黄花韭 \ 286
黄花木 \ 118
黄连木 \ 55
黄瑞香 \ 85
黄檀 \ 42
黄榆 \ 67
火烧兰 \ 226

J

鸡骨柴 \ 92
鸡树条荚蒾 \ 141
鸡腿堇菜 \ 284
鸡肫草 \ 253
吉祥草 \ 305
蕺菜 \ 235
假稠李 \ 112
剪秋罗 \ 244
橿子栎 \ 25
角蒿 \ 186
接骨木 \ 127
金花忍冬 \ 109
金钱槭 \ 45
金丝梅 \ 101
金丝桃 \ 101
金线吊乌龟 \ 173
金银忍冬 \ 110
筋骨草 \ 199
京梨猕猴桃 \ 144
卷丹 \ 296
绢毛细蔓委陵菜 \ 166

K

开口箭 \ 300
苦参 \ 276
苦皮藤 \ 153
苦树 \ 118
阔萼粉报春 \ 264
阔叶十大功劳 \ 22

L

蜡子树 \ 106
梾木 \ 41
榔榆 \ 67
老鸹铃 \ 62
老鸦糊 \ 76
类叶升麻 \ 195
藜芦 \ 281
醴肠 \ 182
裂距凤仙花 \ 185
裂叶地黄 \ 268
铃兰 \ 218
菱形茴芹 \ 190
菱叶鹿藿 \ 167
领春木 \ 47
流苏树 \ 38
柳穿鱼 \ 242
柳叶菜 \ 225
柳叶亚菊 \ 198
龙头草 \ 248
陇塞忍冬 \ 111
鹿蹄草 \ 267
鹿药 \ 246
卵叶猫乳 \ 121
轮叶八宝 \ 237
络石 \ 176
驴蹄草 \ 212

绿花百合 \ 295

M

马鞭草 \ 282
马兰 \ 206
马桑 \ 81
马蹄香 \ 271
麦冬沿阶草 \ 304
蔓茶藨子 \ 123
蔓孩儿参 \ 166
牻牛儿苗 \ 183
猫儿刺 \ 19
猫耳朵 \ 209
猫屎瓜 \ 86
毛花槭 \ 32
毛华菊 \ 217
毛裂蜂斗菜 \ 255
毛脉柳兰 \ 214
毛蕊铁线莲 \ 155
毛樱桃 \ 121
毛掌叶锦鸡儿 \ 78
毛褶子 \ 90
美花铁线莲 \ 155
美丽马醉木 \ 24
美丽芍药 \ 252
猕猴桃 \ 145
米心树 \ 47
绵果悬钩子 \ 168
木防己 \ 157
木姜子 \ 107
木藤首乌 \ 161
牧地山黧豆 \ 240

N

南赤瓟 \ 175
南川绣线菊 \ 133
南方红豆杉 \ 11
南蛇藤 \ 154
牛奶子 \ 91
暖木 \ 53

P

盘腺樱桃 \ 119
盘叶忍冬 \ 164
膀胱果 \ 134
泡花树 \ 113
披针叶胡颓子 \ 16
蒲儿根 \ 193
蒲公英 \ 279

Q

七筋菇 \ 301
千金榆 \ 36
千里光 \ 171
千屈菜 \ 245
鞘柄菝葜 \ 128
秦艽 \ 228
秦岭白蜡树 \ 48
秦岭冷杉 \ 5
秦岭木姜子 \ 108
秦岭蔷薇 \ 124
秦岭藤 \ 153
秦岭岩白菜 \ 289
青麸杨 \ 61
青荚叶 \ 98
青檀 \ 58
青榨槭 \ 31
瞿麦 \ 221
曲脉卫矛 \ 160
雀儿舌头 \ 105

R

肉色土圞儿 \ 150
软枣猕猴桃 \ 144
锐齿栎 \ 59

S

三花莸 \ 79
三尖杉 \ 7
三裂蛇葡萄 \ 150
三桠乌药 \ 50
三叶木通 \ 148
沙棘 \ 98
山白树 \ 127
山酢浆草 \ 250
山拐枣 \ 57
山胡椒 \ 50
山荆子 \ 52
山萝花 \ 188
山麻杆 \ 70
山野豌豆 \ 177
山竹花 \ 224
陕甘花楸 \ 130
陕西荚蒾 \ 142
商陆 \ 259
少花米口袋 \ 231
少脉椴 \ 65
少穗花 \ 246
蛇床 \ 179
蛇果黄堇 \ 219
蛇莓 \ 159
蛇葡萄 \ 149
射干 \ 208
石菖蒲 \ 299
石岩枫 \ 112
石竹 \ 221
绶草 \ 277
疏叶当归 \ 202
蜀侧金盏花 \ 197
蜀五加 \ 68
树锦鸡儿 \ 77
栓翅卫矛 \ 93
栓皮栎 \ 60
双盾木 \ 89
双花堇菜 \ 285
水金凤 \ 185
水麻 \ 85
水青树 \ 63
水栒子 \ 83
水榆花楸 \ 61
四川杜鹃 \ 28
四川沟酸浆 \ 248
四川金罂粟 \ 278
四蕊猕猴桃 \ 147
四照花 \ 43
松蒿 \ 189
松潘乌头 \ 143
算盘子 \ 96
索骨丹 \ 269

T

太白红杉 \ 9
太白六道木 \ 68
太白美花草 \ 210
太白山橐吾 \ 241
太白杨 \ 57
藤山柳 \ 156
天蓝韭 \ 287
天蓝苜蓿 \ 187
天仙子 \ 184
铁筷子 \ 231
铁杉 \ 11
铁橡树 \ 26
铁仔 \ 23
通脱木 \ 136
铜钱树 \ 54
透茎冷水花 \ 189
秃疮花 \ 181
突隔梅花草 \ 253
土麦冬 \ 303
椭圆叶花锚 \ 183

W

委陵菜 \ 264
猬实 \ 103
乌头叶蛇葡萄 \ 149
无梗越橘 \ 137
无距耧斗菜 \ 203
五叶草莓 \ 227

X

西蜀丁香 \ 136
西五味子 \ 171
喜阴悬钩子 \ 168
细齿天南星 \ 288
细辛 \ 206
细叶青冈 \ 13
狭瓣侧金盏花 \ 196
狭叶白及 \ 209
狭叶冬青 \ 18
狭叶五味子 \ 170
藓生马先蒿 \ 254
香果树 \ 46
香薷 \ 182
香叶树 \ 20
象天南星 \ 288
小果卫矛 \ 16
小舌紫菀 \ 72
小血藤 \ 170
小药八旦子 \ 291
小叶石楠 \ 117
斜萼草 \ 243
缬草 \ 281
兴山榆 \ 66
绣线梅 \ 114
萱草 \ 232
旋覆花 \ 238
寻骨风 \ 151

Y

鸭跖草 \ 179
崖花海桐 \ 24
崖爬藤 \ 174
崖棕 \ 300
杨叶风毛菊 \ 273
野百合 \ 294
野菊 \ 216
野棉花 \ 201
野扇花 \ 29
野桐 \ 113
野西瓜苗 \ 184
野鸦椿 \ 94
异伞棱子芹 \ 191
异叶败酱 \ 254
异叶花椒 \ 30
异叶梁王茶 \ 23
异叶鼠李 \ 27
异叶天仙果 \ 96
益母草 \ 187
银露梅 \ 119
油柿 \ 44
羽裂华蟹甲草 \ 298
玉竹 \ 262
芫花 \ 84
圆锥山蚂蝗 \ 86
云南大百合 \ 290
云南蓍 \ 194
云杉 \ 9
云实 \ 75

Z

窄萼凤仙花 \ 186
照山白 \ 27
柘树 \ 83
珍珠菜 \ 244
珍珠花 \ 111
珍珠莲 \ 17
中国旌节花 \ 133
中华花荵 \ 261
中华青荚叶 \ 18
中华秋海棠 \ 208
中华石楠 \ 117
皱叶委陵菜 \ 263
珠光香青 \ 200
珠芽蓼 \ 263
诸葛菜 \ 188
竹灵消 \ 220
竹叶花椒 \ 30
竹叶子 \ 174
柱果绿绒蒿 \ 247
紫斑风铃草 \ 212
紫苞风毛菊 \ 272
紫草 \ 243
紫金牛 \ 12
紫堇 \ 180
紫玉簪 \ 235
纵肋人字果 \ 222

拉丁名索引

A

Abelia dielsii \ 68
Abies fargesii \ 6
Abies chensiensis \ 5
Acanthopanax setchuenensis \ 68
Acer davidii \ 31
Acer erianthum \ 32
Acer ginnala \ 32
Acer stachyophyllum var. *betulifolium* \ 33
Acer sterculiaceum subsp. *franchetii* \ 34
Achillea acuminata \ 194
Achillea wilsoniana \ 194
Aconitum sungpanense \ 143
Acorus gramineus \ 299
Actaea asiatica \ 195
Actinidia arguta \ 144
Actinidia callosa var. *henryi* \ 144
Actinidia chinensis \ 145
Actinidia polygama \ 146
Actinidia tetramera \ 147
Adonis davidii \ 196
Adonis sutchuenensis \ 197
Ajania salicifolia \ 198
Ajuga ciliata \ 199
Akebia trifoliata \ 148
Alangium chinense \ 69
Alchornea davidii \ 70
Allium chrysanthum \ 286
Allium cyaneum \ 287
Ampelopsis aconitifolia \ 149
Ampelopsis bodinieri \ 149
Ampelopsis delavayana \ 150
Anaphalis margaritacea \ 200
Anemone hupehensis \ 201
Anemone reflexa \ 202
Angelica laxifoliata \ 202
Antenoron neofiliforme \ 203
Apios carnea \ 150
Aquilegia ecalcarata \ 203
Aquilegia oxysepala var. *yabeana* \ 204
Aralia elata \ 71
Ardisia crispa \ 72
Ardisia japonica \ 12
Arisaema consanguineum \ 287
Arisaema elephas \ 288
Arisaema serratum \ 288
Aristolochia heterophylla \ 151
Aristolochia mollissima \ 151
Artemisia lactiflora \ 205
Asarum sieboldii \ 206
Aster albescens \ 72
Aster indicus \ 206
Astilbe chinensis \ 207
Astilbe rivularis var. *myriantha* \ 207

B

Bauhinia glauca subsp. *glauca* \ 152
Begonia grandis var. *sinensis* \ 208
Belamcanda chinensis \ 208
Berchemia sinica \ 152
Bergenia scopulosa \ 289
Betula albo-sinensis \ 35
Biondia chinensis \ 153
Bletilla ochracea \ 209
Boea hygrometrica \ 209
Broussonetia papyrifera \ 73
Buddleja davidii \ 74

C

Caesalpinia sepiaria \ 75
Callianthemum taipaicum \ 210
Callicarpa giraldii \ 76

Caltha palustris \ 212
Campanula punctata \ 212
Campylandra chinensis \ 300
Campylotropis macrocarpa \ 77
Caragana arborescens \ 77
Caragana leveillei \ 78
Cardamine leucantha \ 178
Cardamine macrophylla \ 213
Cardiocrinum giganteum var. *yunnanense* \ 290
Carex siderosticta \ 300
Carpesium macrocephalum \ 213
Carpinus cordata \ 36
Carpinus truczaninowii \ 78
Caryopteris tangutica \ 79
Caryopteris terniflora \ 79
Castanea mollissima \ 37
Celastrus angulatus \ 153
Celastrus hypoleucus \ 154
Celastrus orbiculatus \ 154
Celtis koraiensis \ 38
Cephalanthera longifolia \ 214
Cephalotaxus fortunei \ 7
Chamaerion angustifolium subsp. *circumvagum* \ 214
Chelidonium majus \ 215
Chionanthus retusa \ 38
Chrysanthemum indicum \ 216
Chrysanthemum vestitum \ 217
Cimicifuga simplex \ 218
Clematis lasiandra \ 155
Clematis potaninii \ 155
Clematoclethra scandens subsp. *hemsleyi* \ 156
Clematoclethra scandens subsp. *scandens* \ 156
Clerodendrum bungei \ 80
Clerodendrum trichotomum \ 80
Clintonia udensis \ 301
Cnidium monnieri \ 179
Cocculus orbiculatus \ 157
Commelina communis \ 179
Convallaria keiskei \ 218
Coriaria sinica \ 81
Cornus controversa \ 39
Cornus macrophylla \ 41
Corydalis caudata \ 291
Corydalis edulis \ 180
Corydalis ophiocarpa \ 219
Corylus chinensis \ 41
Corylus tibetica \ 42
Cotinus coggygria var. *glaucophylla* \ 82
Cotoneaster multiflorus \ 83
Cremastra appendiculata \ 292
Cudrania tricuspidata \ 83
Cupressus funebris \ 8
Cyclobalanopsis gracilis \ 13
Cynanchum atratum \ 220
Cynanchum inamoenum \ 220

D

Dactylorhiza viridis \ 293
Dalbergia hupeana \ 42
Daphne genkwa \ 84
Daphne giraldii \ 85
Daphne tangutica \ 14
Debregeasia edulis \ 85
Decaisnea fargesii \ 86
Decumaria sinensis \ 157
Delphinium anthriscifolium var. *anthriscifolium* \ 180
Dendrobenthamia japonica var. *chinensis* \ 43
Desmodium elegans \ 86
Deutzia grandiflora \ 87
Deutzia hypoglauca \ 88
Dianthus chinensis \ 221
Dianthus superbus \ 221
Dichocarpum fargesii \ 222
Dicranostigma leptopodum \ 181
Dictamnus dasycarpus \ 223
Dinetus racemosa \ 158
Dioscorea nipponica \ 158
Diospyros kaki var. *silvestris* \ 44
Dipelta floribunda \ 89
Dipteronia sinensis \ 45
Disporum cantoniense \ 224
Dontostemon dentatus \ 181
Dregea sinensis var. *corrugata* \ 159
Duchesnea indica \ 159

E

Eclipta prostrata \ 182
Elaeagnus bockii \ 15
Elaeagnus lanceolata \ 16
Elaeagnus mollis \ 90
Elaeagnus umbellata \ 91
Elsholtzia ciliata \ 182
Elsholtzia fruticosa \ 92
Emmenopterys henryi \ 46
Epilobium hirsutum \ 225
Epimedium brevicornu \ 225
Epipactis mairei \ 226
Erodium stephanianum \ 183
Euonymus fortunei \ 160
Euonymus microcarpus \ 16
Euonymus phellomanus \ 93
Euonymus venosus \ 160
Euptelea pleiosperma f. *franchetii* \ 47
Euscaphis japonica \ 94
Exochorda giraldii \ 95

F

Fagus engleriana \ 47
Fallopia aubertii \ 161
Ficus heteromorpha \ 96
Ficus sarmentosa var. *henryi* \ 17
Fragaria pentaphylla \ 227
Fraxinus paxiana \ 48

G

Gentiana macrophylla \ 228
Gentiana rhodantha \ 229
Geranium rosthornii \ 230
Glochidion puberum \ 96
Grewia biloba var. *parviflora* \ 97
Gueldenstaedtia verna \ 231

H

Halenia elliptica \ 183
Hedera nepalensis var. *sinensis* \ 161
Helleborus thibetanus \ 231
Helwingia chinensis \ 18
Helwingia japonica \ 98
Hemerocallis fulva \ 232
Hemiphragma heterophyllum \ 233
Heracleum moellendorffii \ 234
Hibiscus trionum \ 184
Hippophae rhamnoides \ 98
Holboellia grandiflora \ 162
Hosta ventricosa \ 235
Houttuynia cordata \ 235
Humulus lupulus var. *cordifolia* \ 162
Hydragea bretschneideri \ 99
Hydragea longipes \ 100
Hylomecon japonicus \ 236
Hylotelephium verticillatum \ 237
Hyoscyamus niger \ 184
Hypericum ascyron \ 237
Hypericum chinense \ 101
Hypericum patulum \ 101

I

Ilex fargesii \ 18
Ilex macrocarpa \ 48
Ilex pernyi \ 19
Illicium henryi \ 19
Impatiens fissicornis \ 185
Impatiens noli-tangere \ 185
Impatiens stenosepala \ 186
Incarvillea sinensis \ 186
Indigofera amblyantha \ 102
Inula japonica \ 238
Iris japonica \ 239

J

Jasminum lanceolarium \ 163
Juglans mandshurica \ 49
Juncus allioides \ 302

K

Kinostemon ornatum \ 240
Kolkwitzia amabilis \ 103

L

Larix chinensis \ 9

Lathyrus pratensis \ 240
Leibnitzia anandria \ 241
Leonurus japonicus \ 187
Leptodermis oblonga \ 104
Leptopus chinensis \ 105
Lespedeza floribunda \ 105
Ligularia dolichobotrys \ 241
Ligustrum acutissimum \ 106
Lilium brownii \ 294
Lilium fargesii \ 295
Lilium tigrinum \ 296
Linaria vulgaris subsp. *sinensis* \ 242
Lindera communis \ 20
Lindera glauca \ 50
Lindera megaphylla \ 21
Lindera obtusiloba \ 50
Liquidambar taiwaniana \ 51
Liriope spicata \ 303
Lithospermum erythrorhizon \ 243
Litsea pungens \ 107
Litsea tsinlingensis \ 108
Lonicera acuminata \ 163
Lonicera chrysantha \ 109
Lonicera elisae \ 109
Lonicera ferdinandii \ 110
Lonicera maackii \ 110
Lonicera tangutica \ 111
Lonicera tragophylla \ 164
Loxocalyx urticifolius \ 243
Lychnis senno \ 244
Lycoris aurea \ 297
Lyonia ovalifolia var. *elliptica* \ 111
Lysimachia christinae \ 164
Lysimachia clethroides \ 244
Lysionotus pauciflorus \ 165
Lythrum salicaria \ 245

M

Maddenia hypoleuca \ 112
Mahonia bealei \ 22
Maianthemum henryi \ 246
Maianthemum japonica \ 246
Mallotus repandus \ 112
Mallotus tenuifolius \ 113
Malus baccata \ 52
Meconopsis oliveriana \ 247
Medicago lupulina \ 187
Medicago ruthenica \ 247
Meehania henryi \ 248
Melampyrum roseum \ 188
Meliosma cuneifolia \ 113
Meliosma veitchiorum \ 53
Metapanax davidii \ 23
Mimulus szechuanensis \ 248
Myrsine africana \ 23

N

Neillia sinensis \ 114
Neoshirakia japonica \ 114
Neottianthe cucullata \ 249

O

Ophiopogon japonicus \ 304
Orchis chusua \ 249
Orixa japonica \ 115
Ormosia hosiei \ 54
Orychophragmus violaceus \ 188
Ostryopis davidiana \ 115
Oxalis griffithii \ 250

P

Paeonia anomala \ 251
Paeonia mairei \ 252
Paliurus hemsleyanus \ 54
Paris polyphylla \ 252
Parnassia delavayi \ 253
Parnassia wightiana \ 253
Patrinia heterophylla \ 254
Pedicularis muscicola \ 254
Pedicularis resupinata \ 255
Periploca sepium \ 116
Petasites tricholobus \ 255
Phedimus aizoon \ 256
Philadelphus incanus \ 116

Phlomis megalantha \ 256
Photinia beauverdiana \ 117
Photinia parvifolia \ 117
Phtheirospermum japonicum \ 189
Phyllolobium chinense \ 257
Physalis alkekengi var. *francheti* \ 258
Phytolacca acinosa \ 259
Picea asperata \ 9
Picrasma quassioides \ 118
Pieris formosa \ 24
Pilea pumila \ 189
Pimpinella rhomboidea \ 190
Pinus armandii \ 10
Piptanthus concolor \ 118
Pistacia chinensis \ 55
Pittosporum truncatum \ 24
Platanthera chlorantha \ 260
Platycarya strobilacea \ 56
Pleione bulbocodioides \ 261
Pleurospermum franchetianum \ 191
Polemonium chinense \ 261
Poliothysis sinensis \ 57
Polygala japonica \ 262
Polygonatum odoratum \ 262
Polygonum perfoliatum \ 165
Polygonum runcinatum var. *sinense* \ 192
Polygonum viviparum \ 263
Populus purdomii \ 57
Potentilla ancistrifolia \ 263
Potentilla chinensis \ 264
Potentilla glabra \ 119
Potentilla reptans var. *sericophylla* \ 166
Primula knuthiana \ 264
Primula odontocalyx \ 265
Prunus discadenia \ 119
Prunus kansuensis \ 120
Prunus tomentosa \ 121
Pseudostellaria davidii \ 166
Pterocarya hupehensis \ 58
Pteroceltis tatarinowii \ 58
Pteroxygonum giraldii \ 167
Pulsatilla chinensis \ 266
Pyrola calliantha \ 267
Pyrus betulaefolia \ 59

Q

Quercus aliena var. *acuteserrata* \ 59
Quercus baronii \ 25
Quercus spinosa \ 26
Quercus variabilis \ 60

R

Rehmannia piasezkii \ 268
Reineckea carnea \ 305
Rhamnella franguloides \ 121
Rhamnus heterophylla \ 27
Rhamnus leptophylla \ 122
Rhododendron micranthum \ 27
Rhododendron sutchuenense \ 28
Rhus potaninii \ 61
Rhynchosia dielsii \ 167
Ribes alpestre \ 122
Ribes fasciculatum var. *chinense* \ 123
Rodgersia aesculifolia \ 269
Rosa omeiensis \ 124
Rosa tsinglingensis \ 124
Rubus coreanus \ 125
Rubus lambertianus var. *glaber* \ 126
Rubus lasiostylus \ 168
Rubus mesogaeus \ 168
Rubus pileatus \ 169

S

Sabia campanulata subsp. *ritchieae* \ 169
Salvia maximowicziana \ 270
Sambucus williamsii \ 127
Sarcococca ruscifolia \ 29
Saruma henryi \ 271
Saussurea iodostegia \ 272
Saussurea japonica \ 192
Saussurea populifolia \ 273
Saxifraga melanocentra \ 274
Saxifraga stolonifera \ 274
Schisandra lancifolia \ 170
Schisandra propinqua var. *sinensis* \ 170

Schisandra sphenanthera \ 171
Sedum amplibracteatum \ 193
Sedum lineare \ 275
Senecio oldhamianus \ 193
Senecio scandens \ 171
Silene fortunei \ 275
Sinacalia tangutica \ 298
Sinofranchetia chinensis \ 172
Sinojohnstonia moupinensis \ 276
Sinomenium acutum \ 172
Sinowilsonia henryi \ 127
Smilax megalantha \ 173
Smilax stans \ 128
Sophora davidii \ 129
Sophora flavescens \ 276
Sorbus alnifolia \ 61
Sorbus hupehensis \ 62
Sorbus koehneana \ 130
Spiraea fritschiana \ 132
Spiraea rosthornii \ 133
Spiranthes sinensis \ 277
Stachyurus chinensis \ 133
Staphylea holocarpa \ 134
Stephania cepharantha \ 173
Stranvaesia davidiana \ 29
Streptolirion volubile \ 174
Stylophorum sutchuense \ 278
Styrax hemsleyanus \ 62
Symplocos paniculata \ 135
Syringa komarowii \ 136

T

Taraxacum mongolicum \ 279
Taxus wallichiana var. *mairei* \ 11
Tephroseris flammeus \ 279
Tetracentron sinensis \ 63
Tetradium daniellii \ 63
Tetrapanax papyrifer \ 136
Tetrastigma obtectum \ 174
Thladiantha nudiflora \ 175
Tilia chinensis \ 64
Tilia paucicostata \ 65
Toddalia asiatica \ 175
Trachelospermum jasminoides \ 176
Tripterospermum cordatum \ 176
Trollius buddae \ 280
Tsuga chinensis \ 11

U

Ulmus bergmanniana \ 66
Ulmus macrocarpa \ 67
Ulmus parvifolia \ 67

V

Vaccinium henryi \ 137
Valeriana officinalis \ 281
Veratrum nigrum \ 281
Verbena officinalis \ 282
Veronicastrum sibiricum \ 283
Viburnum betulifolium \ 138
Viburnum glomeratum \ 140
Viburnum opulus subsp. *calvescens* \ 141
Viburnum schensianum \ 142
Vicia amoena \ 177
Viola acuminata \ 284
Viola biflora \ 285
Vitis piasezkii \ 177

Z

Zanthoxylum armatum \ 30
Zanthoxylum dimorphophyllum \ 30

后　记

秦巴山区是我的家。我的家陕西省汉中市洋县磨子桥镇梁家垭村，就在巴山北坡，东经 107° 28′ 4.72″，北纬 33° 07′ 41.8″，海拔 535m。15 岁之前，我一直生活在方圆三十里的范围内，对家乡的一草一木都有感情。当年田地里分配的口粮养活不了我们一家十口，是山上的一草一木养活了我们！

野生花卉是我工作 36 年来一直的研究对象。1982 年 10 月，在西安植物园参加工作后的第一次出差，就是跟随袁力老师，到陕西省安康市镇坪县去调查、采集珙桐，后来鉴定是光叶珙桐 *Davidia involucrata* var. *vilmoriniana*。大约第二年 4 月份开花时还去过一次，盛开的珙桐真像满树白鸽——中国鸽子树。1984 年，崔绍良先生担任西安植物园主任之后，组织了秦巴山区野生花卉的春季、夏季、秋季调查，我都至少参加两季。那次的调查结果发表在《园艺学报》1992 年 19 卷 2 期上，我是最后一名作者；当时是一个小跟班，但机会难得、受益匪浅。1985 年，我参加了周丕振、刘西俊、王淑燕三位老师的珍稀濒危植物课题组，跟随周老师等去过秦巴山区的不少地方，包括周至、眉县、宁陕、柞水、宁强、留坝、南郑、西乡、镇巴等县。1987 年 10 月我第一次登上了太白山拔仙台，但印象最深的是在斗母宫拍摄的高山花卉——柳兰 *Chamaenerion angustifolium*，紫红的花蕾、红色的花瓣、银白色的种毛，在海拔 2800m 的夕阳映照下异常美丽！ 1991 年 8 月我跟随王答琪老师第二次登上了太白山。1995 年 1 月我受导师、北京林业大学陈俊愉先生委派，到城固县黄沙铺镇调查野生梅花。2012 年承担了公益性行业（农业）科研专项“重点保护野生花卉人工驯化繁殖及栽培技术研究与示范”（201203071）绿花百合 *Lilium fargesii* 的子课题，连续 5 年深入到凤县（嘉陵江源头）、太白山、佛坪、岚皋、镇坪、神农架等地，调查、引种绿花百合。期间尽管有十几年没有带着任务出差，但我几乎每年都要回老家，都要穿越秦巴山区，与那里的一草一木亲密接触。

我的同学、西北农林科技大学的吴振海老师，参加工作 36 年来，走遍了秦巴山区的所有县区，对秦巴山区的野生植物无所不知，号称“秦岭活字典”。期间采集了大量的植物标本，拍摄了大量的植株、花朵、果实的照片。事实上，我们调查绿花百合时，每次都要请他上山，他是我们的“指路明灯”！最难能可贵的是，他要将同一种植物的花、果都拍摄到，得去野外多少次，运气得有多好！振海同学的照片是本书的重要基础。植物名称、形态特征、分布等是我在振海植物分类学描述的基础上，按照园林植物和观赏园艺的特点著述而成，主要是从欣赏、应用的角度出发，省略了许多细部特征。

曾小冬同学是我在北京林业大学的校友，她在中学时就对植物感兴趣，是以生物特长生的身份保送到北京林业大学园林专业的。她创办并带领北京欣风景生态园林有限公司，在园林绿化行业耕耘了二十多年。她对野生花卉怀有特殊的感情和独到的见解，本书有关野生花卉的价值和应用前景大多出自她的手笔。

最后，要感谢我的恩师崔绍良先生和他给本书做的序。他在担任西安植物园主任期间（1984—1987），1985 年他派我参加中国科学院西安外语培训班。师母王朝琪教授是我的英语老师，我的英语水平迄今也未超过那个时候。1986 年他送我到日本京都府立植物园进修。无论从能力上，还是从见识上，都给我开启了新的生活。不仅如此，我对秦巴山区野生花卉的基本认识，也是在他组织的野外调查中学到的。

我的青春岁月（18~29 岁）是在西安植物园度过的。我学英语、出国、上研究生，都是植物园公派的，是植物园培养了我！不仅如此，我现在讲课的好多素材、经验，也是在植物园学习、积累起来的。一直到现在，植物园的老师和领导都很关心我，对我的工作都非常支持。

最后，我想以本书敬献给西安植物园建园六十周年！

刘青林

2019 年 1 月 3 日初稿